华夏文库·民俗书系

蒙古包

游牧文明的载体

郭雨桥　著

中原传媒　中州古籍出版社

《华夏文库》发凡

毫无疑问，每一个时代都有属于自己时代的精神追求、文化叩问与出版理想。我们不禁要问，在21世纪初叶，在全球文明交融的今天，在信息文明的发轫初期，作为一个中国出版人，我们正在或者将要追求什么？我们能够成就或奉献什么？我们以何种方式参与全球化时代的文化传播进程？在一连串的追问下，于是，有了这套《华夏文库》的出版。

自信才能交融。世界各大文明在坚守自身文化个性的同时，不约而同地加快了探视其他文化精神内涵的步伐，世界不同文明正在朝着了解、交流、碰撞、借鉴与融合的方向前进。在此背景下，建立自身的文化自信，正是与世界各文明民族进行文化交流的基本要求。五千年中华文明与文化正在不断地被其他文明所发现、所挖掘、所认知，汉语言正在生长为世界语言，儒文化正在世界各地生根发芽。

借助这样一种正在成长着的文化自信、自觉、开放、亲和之力，用我们这个时代的学术眼光全面系统梳理中华五千年的文明与文化，向其他各大文明与文化圈正面展示自我，让中华优秀文化成为世界文化的重要组成部分，正是我们出版这套文库的目的之一。此其一。

知己才能知彼。身处五千年文化浸润的今天，重新思考我们先人的人生思考、价值思考与哲学思考，找到一个民族、一个国家的价值所在、立命所在、安身所在，这已经是我们这个时代的学人与出版人不得不再思考的问题。作为中华文明的一分子，我们在思考的同时，还必须了解我们的先人创造了如何优秀的精神文明与物质文明以及社会文明。只有熟知自己的文化，热爱自己的文化，悟明自己的文化，我们才能宣说自己、弘扬自己、光大自己。因此，我们策划组织这套《华夏文库》的初衷，还在于让当下的知识青年全面系统瞭望中华文明与文化的全景，并借此能够对更为深广的世界各民族文化提供一个比较认知的基础。此其二。

顺势才能有为。我们正处在农耕文明、工业文明、信息文明的交汇处，信息文明带领我们从读纸时代进入读屏时代，以智能手机屏幕为代表的书籍呈现方式正在与纸质书籍争夺阅读时间与空间。我们正在领悟数字技术，正在以信息文明的视角，去整理、分析和研究农耕文明与工业文明的文化遗产，不仅仅是为了唤醒优秀的传统文化，我们还在生发和原创着当今时代的文化。由此，我们试图架起一座桥梁——由纸质呈现而数字呈现，由数字呈现而纸质呈现，以多媒介的书籍呈现方式，将文字、图像、声音与视频四者结合，共同筑成《华夏文库》以奉献给信息文明时代的新读者。此其三。

总之，这是一套——专家大家名家写小书；以最小的阅读单元，原创撰写中华精神文化、物质文化与社会文明系列主题与专题；以图文、音视频多媒介呈现的方式，全面介绍与传播中华文明与优秀文化，系统普及与推介中华文明与文化知识；主旨是为了让世界与中国共同了解中国的——大型丛书，借此，复兴文化，唤起精神，融入世界。

耿相新

2013年6月27日

《华夏文库·民俗书系》序

《民俗书系》是中原出版传媒集团一项浩大工程《华夏文库》的一个重要组成部分,分为十个系列:生产贸易民俗系列,衣食住行民俗系列,社会家庭民俗系列,人生仪礼民俗系列,生态、科技民俗系列,信仰民俗系列,岁时节令民俗系列,语言文学民俗系列,民间游乐民俗系列和民间艺术系列,涉及民俗文化的所有方面。这是一套具有相当规模的民俗类丛书。第一期约300本,每个省、自治区、直辖市10本左右。以后还有第二期、第三期。从数量上看,这套书在民俗文化呈现的广度方面是前所未有的。

有规模,成体系,才能产生深刻而广泛的社会效应。就民俗文化而言,一两本书,做得再精致,影响也是有限的。只有达到一定规模,才能全面、系统而又细致地展现中国各民族各地区丰富灿烂的民俗文化。中国幅员广阔、民族众多,以往有关民俗文化的呈现多是局部的,有很大的局限性,而《民俗书系》是对中华各民族民俗文化全方位的展示,超越了已出版的任何一套民俗丛书。这有助于对中华各民族民俗文化进行整体观照,多向度地把握、理解和享用中华各民族民俗文化。

十个系列仅仅是给定了民俗文库选题的范围和领域,而每本书的选题要求主要体现在两个方面。一是强调具体和细微。选题越具体越好,越细微越好。以往民俗文化方面的书,选题都比较大,侧重在"面"

上，而《民俗书系》的选题，侧重在"点"上。譬如中国民居方面的选题，以往即为中国民居，如陕北窑洞、蒙古包、客家民居、北京四合院等，我们这套书要求选题更为具体，诸如门、床、窗、影壁、屋脊、砖雕、上梁仪式、天井等。选题越具体、越集中，越能书写得深入，越能说得透彻，从不同方面把这一指向范围细微的"事象"的表现形式、过程、内涵阐述清楚。一个选题，仅涉及一个方面的话题或事物，全书就围绕一个具体的民俗"事象"集中笔墨展开阐述。

二是强调地域性。选择具有地方特色的民俗文化。选题不避偏，即便是不为外界所知的民俗文化"事象"，也可以作为选题。这样的选题纳入整套书系之中，其所描述的对象就成为整个中华民族民间文化体系中的一部分，具有不可替代的位置。通过这套文库的出版，将这一原本影响不大的民俗文化"事象"推向全国，乃至世界。此处的地域是具体的，不是覆盖整个省，甚至大片地区和流域，而是局限于某一市县、某一城镇、某一村落。写一个具体地方的某一具体的民俗"事象"，民俗"事象"所流传的范围是明确的。当然，也有的以一个地方的某一民俗"事象"为书写中心，适当涉及其他地方相同的民俗"事象"，包括引用其起源、历史发展脉络和内涵分析等方面的相关资料，采用了以点带面的叙述范式。也有的通过图片的方式，连接其他地方同一民俗文化"事象"，做一些适当比较。

在这两点要求的基础上，这套民俗书系的选题是开放性的，面向中华各民族的广袤大地和民俗文化的汪洋大海。

《民俗书系》中的每本书字数在6万～7万，配有多幅图。根据选题本身的特点选择不同的写作角度和呈现方式，甚至有的以图为主，文字只是起到辅助、说明的作用。也有的以一个故事或传说为引导，再进入民俗"事象"本身，展开层层阐述。每本书的结构简洁而又灵活，便于作者把握和读者阅读。在述与论的关系方面，以"述"为主，"述"是全书主要的行文方式和表现主体；以"论"为辅，富有层次地清晰演示特定民俗"事象"的表现形态及其现状和历史，说明其深厚的文化内涵，提供其社会及文化背景。每幅图片都有比较翔实的说明，诸如图片中的人是谁，都在干什么，主要景观和物品的名称、含义，画面属于仪式过程的哪个环节等。图片不是配图，不是为了美观，而是整本书的有机组成部分。

这套《民俗书系》追求一种原生态写作境界。这里的原生态，就是强调民俗表达的原汁原味。所使用的文字素材和图片基本上是作者自己采集到的第一手资料，夯实了全书的所有内容。这套书系的作者绝大多数不是学者或专业研究人员，而是地方文化精英，是地方民间文化传统的积极传承者。作者就是当地人，对这一选题或这一民俗"事象"最为熟悉，而且反复经历和参与过这一民俗活动，最了解这一民俗活动，并具有一定的书面语言表达能力，是最适合写这本书的人。作者对这一选题有比较丰富的资料积累和信息储备，是这一选题的代言人和权威，而书的出版更是对作者权威地位的认定。这套书系的价值主要不是学术上的，不是理论方法方面的，而是发掘地方民俗文化资源，真实、客观地再现了民俗文化，展示了民俗文化本身具有的文化魅力和现实意义。这套书系可称之为原生态民俗书系。

《民俗书系》编纂和出版的动机是宏伟的，具有高远的历史文化志向和神圣的现实责任感。这一浩大工程值得您的期待，更值得您的关注。

万建中

2015年1月20日于京师园

目录

引言 ……………………………………………………………………… 1

一 蒙古包家族,从游牧生活的远处走来

    1 寻根到窝棚 …………………………………………………… 4

    2 从半身包到蒙古包 …………………………………………… 13

    3 家车 …………………………………………………………… 18

    4 蒙古包进化与历史年代的衔接 ……………………………… 20

二 蒙古包的优点

    1 蒙古包的实用功能 …………………………………………… 24

    2 蒙古包适应气候变化 ………………………………………… 28

    3 蒙古包设计符合科学 ………………………………………… 32

三　蒙古包是会行走的绿色建筑

1　蒙古包的构造
　　——三位一体的独特建筑 …………………… 42

2　蒙古包的搭建
　　——轻松干净的画面 ………………………… 58

3　蒙古包的搬迁
　　——会行走的绿色建筑 ……………………… 64

4　蒙古包的制作工具
　　——简陋的作坊和高超的手艺 ……………… 74

5　蒙古包的制作方法 …………………………… 78

四　蒙古包的圆形文化

1　蒙古包内的几个大圈 ………………………… 98

2　蒙古包外的大圈 ……………………………… 111

3　坐卧起居的大圈 ……………………………… 117

4　在蒙古包里做客 ……………………………… 121

五 蒙古包的装饰艺术

1 蒙古人和蒙古包里的装饰·············132
2 蒙古包是一个艺术的世界·············135

六 蒙古包的风俗

1 蒙古包的庆典·····················142
2 "从妻居"到"从夫居"···············150
3 一生住三次"乌日其"···············162

七 蒙古包的禁忌

1 门户的禁忌·······················169
2 香火的禁忌·······················172
3 坠绳等的禁忌·····················175
4 转场的禁忌·······················177

小知识目录

蒙汉合璧的巴格利 …………………………………… 10

成吉思汗宫帐 ………………………………………… 21

炎夏的蒙古包能风干牛羊肉 ………………………… 31

蒙古包日晷 …………………………………………… 36

毡门 …………………………………………………… 54

巴根与柱 ……………………………………………… 55

登努尔 ………………………………………………… 110

组织浩特的方式 ……………………………………… 114

古列延 ………………………………………………… 114

引言

　　自古以来，从大西北阿尔泰的连绵雪峰，到大东北兴安岭的郁郁丛林；从西伯利亚浩瀚的贝加尔湖，到炎黄子孙摇篮的黄河之滨，是人类文明的又一故乡，游牧民族发祥的地方。这里是中亚高纬内陆高原，大自然在为这里生活的人们提供森林、草原、绿洲、清流的同时，也给他们提供了沙漠、戈壁、高温（极端温度可达43℃）和严寒（极端温度可达 –50℃），生存环境决定了在这里生活的人们有不同的衣食住行和行为方式，也注定了他们要到处闯荡和寻找自己的家园。经过近万年的探索、近千年的改进，从大自然提供的山洞，到各种类型的窝棚和帐篷，最后他们终于找到了适合游牧经济、又经得起大自然严峻考验的民居，这就是神奇、温馨而恰到好处的蒙古包。"蒙古包的缕缕炊烟，轻轻地飘向蓝天，茫茫的绿草地，是我生长的摇篮。"（《蒙古人》）他们与这块土地相依为命，高歌一曲可以乐天，纵马一鞭可以乐地，蒙古包是他们的落脚点和归宿，是他们的社稷香火。

　　成吉思汗能够远征欧亚，用他的马蹄耕耘欧亚大陆，跟他的战马和居住方式的独特有直接关系。蒙古包是蒙古族以天为本的自然天道观在居住方面的体现，是融生产与生活为一体的居室，是人与环境、牲畜（生活资料）和谐发展的最佳选择。蒙古包因游牧的产生而产生，

于海军 摄

也必然因游牧的结束而消亡。蒙古包的发展过程，就是如何使居所更好地适应游牧生产的过程。游牧是蒙古包的生命和灵魂。蒙古包因游牧获得原动力和生命，游牧也因蒙古包得到了支撑和保障。直到二十世纪末期，世界上还有近一百个民族住在蒙古包或准蒙古包里。比如土库曼、乌兹别克、塔吉克、吉尔吉斯，俄罗斯联邦的卡尔梅克、图瓦、塔塔尔、布里亚特，我国境内的内蒙古、新疆、青海、甘肃和黑龙江的蒙古族、哈萨克族、鄂温克族，蒙古国境内的所有民族等。

笔者从2000年以来，实施"走遍蒙古地"的计划。到目前为止，行程已达129,797千米（绕地球三圈半还多），对我国新疆、青海、内蒙古部分地区和蒙古国部分地区的蒙古包，运用文字、摄影、录像等手段，进行了全方位的考察和整理，完成了对蒙古包从感性认识到理性认识的跨越。在2009年的中国文化遗产日，由笔者主持申报的蒙古包项目，已经正式被列入全国第二批非物质文化遗产名录。因此笔者更觉得有必要把这一浑身充满游牧智慧的独特建筑，系统地介绍给世人。笔者的专著《细说蒙古包》，已经用蒙汉两种文字出版发行。现在，笔者把它改成一本简明扼要、通俗好看的小册子，贡献给更大范围的读者。

一 蒙古包家族，从游牧生活的远处走来

1　寻根到窝棚

窝棚是游猎和游牧民族最早的建筑，可以看作蒙古包的老祖宗。窝棚有两种，一种叫奥布亥，词根是奥布或陶布，意为隆起或鼓起的东西，就是圆顶子窝棚。一种叫少布亥，词根是少布，就是尖顶子窝棚。别看这些东西老得没牙，现在有的地方人们还住在它里面，或者让它退居二线，成为库房和圈牲畜的地方。

尖顶子窝棚

尖顶子窝棚，就是人们通常所说的仙人柱（也叫撮罗子），基础就是三根木椽，其中一根最好带杈，把另外两根搭在它的上面，就形成一个稳定的支架。周边再用其他木椽搭起来，变成一个圆锥体的建

查腾的尖顶子窝棚：仙人柱（本书图片除署名外，均由作者提供）

筑。最后把兽皮或芦苇之类盖在上面，就变成一种简易住所。这种住所当初是森林猎人用的，搭盖和拆卸非常容易。

阿拉善巴丹吉林大沙漠里，有一种芦苇做的尖顶子窝棚，造型很奇特。把芦苇割下来，也不捆扎，就那么插进土里围成一圈，只要薄厚差不多就行。再用第二圈芦苇把第一圈的芦苇接长。在接口的地方，用刚割下来的湿柳条，里外捆绑起来，柳条干了以

阿拉善的尖顶子窝棚：草庐

后会像绳子那样紧缩。再开始接第三圈芦苇，捆第二道腰子，一般三圈也就到顶了。这种窝棚不是直上直下做成筒形，而是越往上越往里收缩，最终做成圆锥形，到顶部让芦苇自然搭上再捆扎起来就可以了。

从里面看这种窝棚，许多地方露明。但芦苇见水膨胀，又极滑，搭建得又陡峭，即使下几天雨里面也不漏。下面再铺点牲畜皮，就是一方理想的住所。一家人住进去，就是温暖的生活家园。人们普遍以为巴丹吉林地区都是大沙漠，人根本不能生存。可是，大漠深处有很多天然形成的湖泊，有湖泊就有芦苇，有芦苇就有牛羊和村落。当然人口数量不能太多，一方湖泊，也就住一两户人家。夏天很热，牛羊就到周围的沙山上啃些沙蒿，冬天就到湖畔吃芦苇和芨芨草，也不用人们紧跟在后面放牧，周围都是大沙山，它们想跑也跑不出去。骆驼虽然能跑到其他湖泊，但人们都不赶它，也没有贼寇，骆驼游荡个十天半月，自己又会回到主人那里。所以这里的牧民，反倒比别处的清

闲自在。

圆顶子窝棚

圆顶子窝棚样式很多，材料都是牧区里遍地生长的柳条。人们在地上画个圆圈，把柳条沿着圆圈插在地上，将柳条穿插到离地面一人高的位置，再将上端向中心弯曲回来，将弯回来的柳条交叉编织搭在一起，这就是最简单的圆顶子窝棚。还有一种样式的窝棚叫刺猬窝棚，这种窝棚外形上像个圆圆的刺猬，比柳条窝棚做法稍微复杂一些：从地面开始，两两一组，互相交叉，在交叉的地方用皮钉固定住，再上来到第二次交叉的地方，便再与邻近的柳条交叉穿钉，如此这般再交叉一两次，就在上面收了顶。这种刺猬窝棚的皮钉，起着一种相互拉扯和防止散架的作用。

第三种圆顶子窝棚，就是崩克尔。崩克尔跟前两种样式不一样的地方，就在于一开始搭建窝棚的时候就像编筐子一样，用柳条从地面往上横横竖竖地编起来，上面收口的地方只有一拳头大。既然是筐子，

交叉式刺猬窝棚粗样

圆顶子窝棚：崩克尔

柳条自然密集得多，搭好的棚子上用稀牛粪抹起来，可以容一两个人进去居住。1958年，牧区提倡人畜两旺、喇嘛还俗，当地的喇嘛多还俗务牧娶了老婆。据说有一个唐古特老喇嘛因出家多年，家乡又远，回去也不知道有没有亲人可投，于是就编了一个崩克尔在当地住下来。老喇嘛年年往崩克尔上抹稀牛粪，抹了有半尺厚。稀牛粪附着在窝棚上面连雨都淋不掉，还能挡风，所以冬天在崩克尔里生上火炉，会十分暖和。

直到十一届三中全会以后，国家落实宗教政策，唐古特才来人把老喇嘛接回去。如今老喇嘛的崩克尔早已荡然无存，却出现了许多新崩克尔。崩克尔的功用也发生了变化。春天里，它充当暖棚，人们将羊羔放进去；夏天，砖房或蒙古包里太热，人们就在崩克尔里生火做饭、制作奶食品；冬天是宰杀牛羊储肉的季节，人们用崩克尔来风干牛羊

圈牛犊的圆顶子窝棚

（山羊）肉。因为崩克尔通风，因此在里面风干的肉颜色发红、肉质柔软、味道鲜美，不像在土房里风干的肉那样发黑、咬不动、味道欠佳。如果走敖特尔（夏牧场），一两个人走夏营盘，崩克尔还可以用来顶替蒙古包居住。有的人家在转场的时候，就把它留在夏营盘地上。因为没有毡子、绳子，所以没人会打它的主意。第二年夏天人们再来居住，它仍然完好如初，再在里面住上几年根本不成问题。如果不想把它留在那里，可在勒勒车上绑上延杆，把它运回去，搭在蒙古包旁边，会派上各种用场。这大概也是天怜远人，大自然公平的地方。此外，还有一种圆顶子窝棚，下面部位和崩克尔差不多，上面却是用最简单的柳条搭建。这种窝棚可用来圈牛犊，当地人也叫不出窝棚的名字。

帐篷

帐篷可以看作尖顶子窝棚的变体，它的形式有很多。搭建帐篷时，把两根带杈的木橼，就地栽起来，上面再横搭一条长橼，又在两侧斜搭许多细木棍，木棍上面用树枝、树叶覆盖起来，就成为一顶马脊梁长圪洞帐篷。或者只用一根带杈的木橼，长橼的一头搭在木橼上，另一头直接支在地上，也可成为一种简易的帐篷。直到现在，牧区有的地方还把帐篷作为打草和照看牲畜饲料地的临时住所，甚至有的农区看瓜种地也用到它。

帐篷也有比较高级的设计样式。每到夏天，和硕特蒙古

最简易的帐篷

海西州夏天搭盖在蒙古包旁边的帐篷

河南蒙古族自治县那达慕大会上的帐篷

一 蒙古包家族,从游牧生活的远处走来 | 9

族的蒙古包旁边，都会立起一座雪白漂亮的帐篷。它吸收了哈纳的设计元素，形制比较高大，成为晾晒和制作奶食品的地方。

有人选择两棵距离适当的树，把长椽搭在树上，两边再用木棍和芦苇、芨芨草搭盖起来，也是一种就地取材的帐篷。有的穷人甚至选择一棵蓬头柳树，转一圈把长椽搭在树上，形成一个圆形的帐篷。有时候就在里面过冬。自发明了蒙古包以后，有时候为了方便，人们也会用蒙古包上的部分材料，搭出窝棚类建筑。这些东西如果单列出来也可以作为蒙古包的变体，但却是游牧人生活中的即兴创作。

以上三类游牧建筑，有很大的随意性，使用起来也有很大的方便性。它体现了游牧民族顽强的适应环境的能力和他们灵活多变的聪明才智。

小知识◎蒙汉合璧的巴格利

据鄂托克前旗的文化人奇龙巴图先生考证，巴格利是晋陕农民来到伊克昭盟（今鄂尔多斯）乌审旗、鄂托克旗租种蒙古人土地的产物，也是蒙古族牧民游牧的草场缩小、实行半定居以后出现的事物。据说康熙年间晋陕农民来租种土地的时候，这些人在当地是没有居住权的，只得春种秋回，像候鸟一样，名之曰"雁行"。后来他们慢慢学会了蒙古语，与当地牧民关系融洽起来，自古厚道的牧区人便允许他们暂时居住。但他们大多数是穷人，盖不起房子，便利用沙漠地盛产沙柳、芨芨草的特点，就地取材，盖起简易的茅庵房子居住。光绪年间大肆开垦以后，相当一部分牧民失去草场，游牧的

巴格利

地盘开始缩小，牧民们开始了半游牧半定居的生活，这时蒙汉杂居和蒙汉为邻的现象多了起来。

一些蒙古人看到汉族的柳笆庵子不花料钱，搭盖省劲，住进去很暖和，很适合定居，就请汉族农民帮忙或自己学着盖这种房子，作为辅助性的住所使用。需要游牧的时候，依然用骆驼驮上蒙古包到远处放牧；或者把柳笆庵子当作冬营盘，夏天到其他地方放牧去了，有时候走得远了，干脆把它放弃，留给别人走敖特尔使用，反正也不是什么值钱的东西。这样一来，就出现了蒙古包与柳笆庵子并存，游牧与定居结合的局面。为什么不盖成一般的平顶房或两出水的马脊梁房，偏偏要盖成这种拱形的柳笆庵子呢？这可是蒙汉合璧、窑洞与蒙古包联姻的产物。晋陕北部的农民，祖祖辈辈住惯了窑洞，深知窑洞的底细，又看到蒙古包把柳笆成功应用在穹顶的种种好处，便利用筑窑洞的经验，结合沙柳柔韧耐压富有弹性的特性，创造了这种独具一格的柳笆庵子。牧民看到它是用捆成捆子的沙柳搭起来的蒙古包式的建筑，就把它叫作巴格利格日，简称巴格利。巴格利格日的意思，就是捆绑起来的房子，或者是柳条捆子搭起来的房子。

这种建筑看着简单，盖起来却并不容易。柳、墙（泥木）结合部的处理是一大技术难题。因为柳条的弹力极大，又那么粗，要它保持拱形不变是非常难的，需要最好的老师指导。农牧民发明了一种方法，按照房子将来的入深，在地上挖两排深沟，把绑好的柳捆子埋进去，逼它就范；或者不用挖坑，就在地上不远不近钉一些粗壮的木橛子，从两面把它卡死，时间长了，也会硬逼出需要的拱形。这种墙东西长，南北短，分两层覆盖。东西向的用5～7捆柳捆子，南北向的用13～15捆柳捆子。南北向的栽在墙上以后，会呈现拱形，承压能力很强，不漏雨。东西向的紧贴其下，起加固作用。墙体也筑夯得略带弓形，有点蒙古包的意味。墙体筑好以后，上面靠里的地方再挖洞。东西的山墙是拱形的，洞里插柳捆。南北墙（前后墙）是平的，洞里插南北向的柳捆。把柳捆插进去以后，用泥抹住让其干透。再在上面铺一层柳笆，柳笆上面再铺一层芨芨草。前面用芨芨草、草皮做成出水（房檐），最后用粘泥抹住，外工就做好了。而后垒锅台、盘炕，把家绞泥出来，刷上白粉，画好炕围子，一所住房就这样完工了。

2　从半身包到蒙古包

蒙古包的结构是三段组合式的：上面的圆顶天窗叫作套脑，套脑上辐射下来的细木椽叫作乌尼，下面一扇一扇组成的网格状支架叫作哈纳。

窝棚与帐篷，虽然轻巧灵活，宜于游牧游猎，但是上面都

蒙古包结构简图

没有窗户，采光、通风、走烟都不好；而且因为下大上小，收缩得很快，人进去就直不起腰。于是人们就想办法，在窝棚式帐篷的上面加了一个圆圈，把它的顶部撑开，能采光透气。后来人们又发现，这个圆圈经不住周围柳条的挤压，便把两根木棒绑成"十"字，加到这个圆圈里面，把圆圈撑住。套脑（天窗）的雏形，就这样产生了。套脑，蒙古语是"十字"的意思，这是一种标志性的诠释。内蒙古阿拉善的车额吉格日，最能看清由"十"字形套脑进化而来的痕迹。它是在"十"字形柳条的下面，又用柳条搭了个"井"字形，与"十"字错开放置，

下端弯回来，把12个头全插进下面圆圈上专门打出的孔里，形成一个瓜皮帽壳式的结构。

车额吉格日的圆圈也很简单，把两个柳条窝成半圆，互相重叠起来，把重叠的部分用湿皮条缠起来，等到干了以后，就锢成一个圆形，这就是套脑的主体。圆圈的外缘，还要打20多个窟窿眼，用来插挂乌尼。门前少插两根乌尼，把毡门帘直接挂于套脑上面，这样人们进出会方便一些，这门比正式蒙古包的门还高。

如果把蒙古包比作一个人，套脑就是头，乌尼就是腰身，哈纳就是腿。车额吉格日就是只有头和腰身，没有腿的蒙古包，称作半身包。它的乌尼下端直接插在地上，稳定性能好。半身包一般分为两种，一种是单用的，一种是两用的。单用半身包的套脑，比普通蒙古包要小。乌尼却比普通蒙古包要长，所以进去以后空间显得并不小。只是帮壁是斜的，差不多走到中间才能抬头，让人感觉有点别扭。半身包套脑的大小，和乌尼的长短有密切关系。比如套脑直径是0.5米的半身包，

阿拉善的半身包（车额吉格日）

乌尼如果是 3 米长，盖起来的相对高度一般是 1.6 米左右，中间最高的地方是 6.5 米，相当于四个哈纳蒙古包的空间。如果乌尼长 2.2 米，中间最高的地方就成了 3.6～4 米，只能供两个人居住。两用半身包，已经是蒙古包发明以后的事物。搬迁途中为了方便搭盖、拆卸，牧民把蒙古包下面的哈纳摘下不用，专用上面的部分，自然也是一种半身包。

新疆的半身包叫蚤劳牟，套脑和阿拉善的一样，不过不是绑上的，而是用了卯榫结构，自然要精致结实得多，整体高度超过普通的蒙古包。蚤劳牟，乌尼下面有的能安哈纳，有的就是专门的蚤劳牟，永远也安不上哈纳。

新疆蚤劳牟分为三种，一种没有门，把两根乌尼摆的距离适当宽一点，人撩起毡帘子钻进钻出就可以了。一种安了门，并且把两根木头的一端搭在门头上，把帮壁顶起来一些，这样显得里面空间大一些。还有一种后面也有门，这样就高级一些，里面的空间更大一些。

新疆的半身包（蚤劳牟）

套脑的发明，解决了窝棚采光透气、通风走烟的问题，可以说是一大进步。钱锺书先生把窗看作一种奢侈品，是人对自然的胜利，用在这里解释套脑也非常合适。最初人们对这种住所感觉良好，慢慢就不满意了。因为套脑虽然解决了采光透气的问题，但并没有增加居住面积，而且里面空间不够大，于是人们就在它下面挖下去二三尺，做成一种半地穴式的住所，这样就显得宽大得多了。由于一半在地下，也比较暖和。苏联发现的一个半地穴半身包，就是由这样两部分组成的——上面用象牙和象的肋骨交错搭盖起来，做成一个半球体的形状；前面再把象腿骨立起来，权当门来使用。据科学家们考察，这一部分用了三十多头象的骨头。地下部分就是一个洞室。半地穴半身包也有一个缺点，搬迁的时候，它的地下部分搬不走。对狩猎和游牧生活来说，还是不太方便。于是人们就在半身包的下面，又加了一个大圈，找了许多带杈的木橼，转一圈把这个大圈支起来，把原来的半身包抬高，用来弥补离开洞室以后高度的不足。同时利用过去做四方网格的经验，把这些带杈的木橼，用柳条横穿在一起，加大了它们的承载能力。这些带杈木头组成的框架，还不能叫哈纳，而叫图乌日嘎，意思是顶在地上的物件。

套脑下面又加了一个圈，再用带杈的木橼棍支起来，这一部分后来发展成为哈纳

后来又把图乌日嘎变成一扇一扇的柳笆，互相对接起来，发挥图乌日嘎的作用。再后来又做成里外两层，用皮钉钉在一起，做成可以

伸张收缩、自由组合的木头扇片，于是正式的哈纳就产生了。

古代游牧民族虽然不懂老子的"道生一，一生二，二生三，三生万物"的道理，但是已经在实践中成功地加以应用。先是用一根带杈木椽支起两根木椽，做出来撮罗子。后来在撮罗子上面加了套脑，变成了半身包，又在半身包上加了哈纳，变成了真正的蒙古包。使蒙古包变成了头、身、腿具备的巨人，可以自由自在地走到游牧的任何地方。

3　家车

　　与蒙古包同时产生的，就是勒勒车。蒙古语里的"格日特日格"，就是把蒙古包和车连在一起使用的家车、包车。它是游牧民族的一种生活状态。当雪橇仅仅是一种运输工具、游牧人还住在窝棚里的时候，它与家没有什么直接联系。当雪橇下面安上轮子变成车，窝棚变成半身包的时候，车就跟家连在一起了，家车的称呼就诞生了。当时的家有两种，一种是把家搭在车上的，无论什么时候家也搬不下来。另一种是家与车分开的，搬家的时候，才把家搬到车上。13世纪是家车十分盛行的时代，从那以后，家慢慢地从车上下来了，但是并没有离开车。车就在家跟前，车上面放了不少箱子，里面装的全是家里要用的东西。这些箱子从来不往下搬，好像在时刻准备搬迁。一直到今天，在内蒙古的锡林郭勒、呼伦贝尔和蒙古国东部一些省份，还能看到这种一列车加一个家（蒙古包）的场面。

　　蒙古人没有家园的概念，牧民以整个草原为家。蒙古族院落组织简单，因为院落已经让位于浩特（蒙古包连同棚圈、水井等的布置体系），与自然不隔绝。蒙古包一般连个院墙也没有，不像农家的四合

家车

小院,远望仅见屋脊和院墙,而是一览无余,主敞不主幽,这也是游牧民居的一大特点。

徐霆和意大利旅行家加宾尼(或译作柏朗嘉宾)对10～13世纪期间的家车有过具体和生动的描写。加宾尼亲眼见到的拔都汗,有26个妻子,每个妻子有一座大帐幕,每一个大帐幕,附带200辆勒勒车。每个妇女可以赶二三十辆这样的勒勒车。最大的帐幕约9.14米宽,轮距约6.1米,要套22头牛才能拉动。这就是《黑鞑事略》说的:"鞑主徙帐以从校猎。凡伪官属从行曰起营,牛马橐驼以挽其车,车上室可坐可卧,谓之帐舆……"这种大帐幕,是直接固定在车上的,是为了大游牧和征战使用的。

4 蒙古包进化与历史年代的衔接

人类学家认为,原始畜牧业和游牧民族的出现,大约在10000至8000年前左右。那时弓箭已经发明,弓箭除了用于氏族之间的杀伐之外,就是狩猎。猎物有了剩余,一些食草动物慢慢被驯化成牲畜,畜牧业开始了,当时的黄帝族过着"往来不定迁徙无常的游牧生活"(范文澜)。人们惯于把黄帝视为汉族的祖先,其实那时候的东夷、北狄,社会进步程度都差不多(学术界有汉匈同祖之说)。窝棚是适应游猎生活的需要而产生的,它的活化石——仙人柱,现在个别部族还在使用。秦二世继位一年后,冒顿单于建立政权,匈奴由部落联盟进入奴隶制国家,是我国历史上第一个建立政权的游牧民族。蒙古国出土的匈奴工艺大毡,说明当时擀毡与刺绣的工艺已经达到相当高的水平。根据《史记》和《盐铁论》记载,当时匈奴的穹庐已经非常引人注目,它是使用柳木做骨架,并用擀好的毡子覆盖的。到了东汉拓跋鲜卑时代,已经有了"百子大帐"。到了隋唐时期也就是突厥汗国的时代,北方民族已经有了可以开合折叠的哈纳,正式的套脑已经出现。五代和北宋时期,契丹的毡帐,已经与近代蒙古包无太大的差异。蒙古汗国时期,手工业和机械制造业有了长足发展，元上都设有专门制毡和毛织品的毡局，百工之事无不具备。出现一种把蒙古包固定在车上的家车形式，最大的22头牛才能拉动。每一个大家车的后面，还跟着其他小家车，附带一二百辆勒勒车。那时候的生产方式是大游牧，活动的范围非常广阔。还有一种举世瞩目的帐殿（斡耳朵），那是可汗、酋长为了召开会议、举行宴会、欢迎外宾使团而建造的一种大型蒙古包，里面金碧辉煌，餐具都是金银制造的。成吉思汗的宫帐，就是那时候斡耳朵形式的遗留。还有专门用于长途征战的大帐幕，马可·波罗说他见过容纳一千士兵的大帐，加宾尼说他见过容纳两千多人的大帐，就是最好的证明。1636年前后，蒙古大部分部族，或先或后归顺了清朝，清朝用盟旗制度"画地为牧"，把封建王公的统治限制在各自的领地之内。千里万里的大游牧消失，长途征战也不复存在。家车变成了多辆勒勒车的串联，但现代蒙古包却在这个时候走向成熟。我们现在使用的"蒙古包"一词，正是产生在这一时期。适合骆驼运载的蒙古包成为新创的品种，蒙古包的体积虽然有所缩小，但是它的工艺、材料、结构，都比过去精致和考究。雕刻、彩绘和毡艺在蒙古包内随处可见，佛龛与供器达到了文物级别的水平。1949年后，由于实现了平稳过渡，畜牧业生产得到发展，蒙古包的形制得以确定下来，浩特布局和游牧生产模式形成，至今变化不大。

小知识◎成吉思汗宫帐

　　成吉思汗宫帐，有人考证是蒙元时期大汗"斡耳朵"（突厥语，意为宫殿、宫室，即现在鄂尔多斯的"鄂尔多"）的一种遗存形式,现在成为请祭成吉思汗圣像宫室的专有名词。《元史·祭祀志》:"凡帝后有疾危殆,度不可愈,亦移居外毡帐房,有不讳,则就殡殓其中。"这种宫帐原来是成吉思汗的行宫,成吉思汗病逝以后,它就变成了纪念堂。它的构造与做法,跟一般的蒙古包不同,具有蒙元时期置于车上的那种大帐幕的痕迹。其一,它是方形的。其二,乌尼、哈纳连接的地方加了一个倒扣的四方筐子式的东西,上面有孔。乌尼、哈纳(也变成了单个的木棍)全插进这些孔里。其三,最下面有一个门框似的木头底座,也是四方形的,哈纳的腿儿都插在这个底座上面。因为它不是圆的,乌尼的长短和数量也就做了相应的调整。宫帐上面安有塔刹似的金顶,祭祀的时候还要用黄缎流苏装饰起来,变成金碧辉煌的宫殿,所以才被称为金殿或金帐。

成吉思汗宫帐

二 蒙古包的优点

1 蒙古包的实用功能

搭盖省劲

蒙古包最重的套脑,一个棒后生就可以举起来。乌尼还没有锹把粗,都是一根一根的,四五岁的小孩就可以拿动。套脑和乌尼连在一起的那种稍微重一些,但能够一分为二,最多三个后生就可以举起来(相当于蒙古包的一半)。省去了和泥、脱坯、打地基、砌石头等前期工程,也不必像盖房那样一块一块地垒砖。反而像一种诗意的游戏——熬茶的时候还在野地,喝茶的工夫已经坐在蒙古包里了。民间戏称:"在山羊打圈(交配)的时候,就可以搭起一座毡包。"

拆卸容易

拆卸蒙古包,比搭盖还容易几倍。两个人拆卸一座蒙古包不超过十几分钟。围绳、带子都是活扣,很容易解开。带子一解开,毡子和架木就自动分离。哈纳、乌尼、套脑都是分根分片的,三下五除二就可以拆卸开并折叠起来。紧急情况下，串连式套脑的蒙古包，一个人很快就能卸完。即使是插孔式蒙古包，除了往下卸套脑的时候，需要有人帮一下以外，其他部件一个人也可以拆卸下来。

搬迁轻便

蒙古包构建特点决定了乌尼粗不过一握，哈纳粗不过拇指。其又选用分量轻而结实的材料，加之可以化整为零，这就大大减轻了牧民（特别是作为牧区主要劳力的妇女）的负担。再说，为了适应游牧经济，牧民不仅有组合式房屋，而且有折叠式家具——碗架、火撑、地桌、床，这些都可以折叠成体积很小的东西。为了适应游牧生涯，牧民的家具都比较简单，家中无长物，紧急时两峰骆驼或者三辆勒勒车就可以把家搬走。假如牧民跟农民一样住土房，这一切便都是不可想象的。

装载科学

千百年来，装载已经规范化、程式化，什么东西放在什么地方，祖祖辈辈念的都是同一本经，牧民已经烂熟于心，闭着眼睛也装不错。骆驼搬运有骆驼搬运的方法，勒勒车搬运有勒勒车搬运的方法。而且蒙古人有一个创举，能把要搬迁的东西，作为搬运工具来消化掉。比如把围毡做成驼屉，把乌尼做成驮架，把哈纳变成铺车板，把蒙毡做成包袱，这样就大大节省了人力物力。

修理方便

　　蒙古包上用的毡子,都是牧民自己擀的。他们都是半拉木匠,自己家里有简单的工具和儿马木(机床),牧区又不缺木头、皮子,坏了几根乌尼杆,开了几个皮钉,烂了几个哈纳头,牧民自己都能修理。弯曲一根哈纳条,用几瓢开水和一根儿马木就成,根本不用再找匠人。哪个地方坏了换一个就行了,不必整个从头开始。试想如果是一座土房,几根椽子(乌尼)坏了,不把房顶掀掉重来能行吗?

搬家的时候,哈纳坏了几道皮钉,牧民自己就修好了

部分利用

蒙古包这种建筑,带有很大的随意性,或者说非常神奇,怎么拆卸、搭盖都是一种民居,像万花筒一样不断变换。有时候可以回到最初的状态,把蒙古包的各种变体都温习一遍。牧民搬家时,为了方便,只取三根乌尼,就可以搭个简单的撮罗子,一两个人睡觉绝对没问题。或者把两扇哈纳片对接起来,形成一个"∧"形的帐篷,一两个人钻进去睡觉也可以。或者用三片哈纳围一个圆筒子,上面搭上几根乌尼,用围毡盖上,在搬迁途中居住也很理想。如果人多住不下,也可以不要哈纳,搭起一座半拉子蒙古包居住。或者不要套脑,以哈纳为基础,乌尼也不全插,插上几根以后,在上面交叉捆住,把苫毡盖上,同样是一座蒙古包。这对土房来说,无异于天方夜谭。

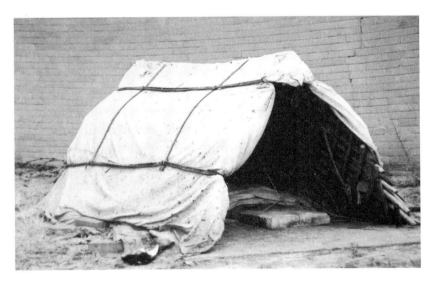

两扇哈纳搭成一座窝棚

二 蒙古包的优点 | 27

2　蒙古包适应气候变化

如果光有上面说的种种优点，而不能适应蒙古高原种种恶劣天气的话，蒙古包还是要被淘汰的。蒙古包可贵的是，从它诞生的那天起，就是与草原的不良气候作对的。经过千百年的修炼，它已经练得浑身解数，灵活自如，能从容应对不测风云，"风雨不动安如山"，不会为秋风所破。

圆滑的东西最难对付

圆滑，圆的东西总是滑的。正因为蒙古包是圆滑的，风沙雨雪拿它一点办法也没有。因为它的顶棚，后片压了前片；它的围毡，上风头的压了下风头的，上面变成流线型，风雪都从它上面"出溜"过去了。即使受一点阻挡，也只会在它后面堆个月牙形的沙丘，不会把它吞没。因为它圆滑，覆被科学，即使下上七天七夜雨，蒙古包里也不会漏水。有了蒙古包，游牧人在对付蒙古高原的恶劣气候时，找到了最好的避风港。它是游牧人对居室的一大发明，是游牧人写在大草原上的得意之笔,是恶劣气候的克星。

能屈能伸是哈纳

在对付恶劣气候上,哈纳更是一位英雄。哈纳是最后发明的,它的发明成全了蒙古包,使蒙古包站立起来,成为顶天立地的巨人。

哈纳的特点是能屈能伸,借机行事,以守为攻。特别是它与网眼、围绳配合起来,简直什么样的环境都能应付。秋天雨大,围绳把它捆得紧一些,它就变成了瘦高个,包顶更加圆滑,雨就不会存住;春天风大,围绳把它捆得松一些,它就瘪塌下来,牢牢地趴在地上,尽量减小风的阻力,狂风也就对它无可奈何了。

展开的哈纳和合上的哈纳

酷暑严寒总相宜

　　如果风实在大，还有加压绳、钉橛子、压勒勒车等多种应对办法，反正不让大风把蒙古包吹跑。

　　对付酷热和严寒的天气，那更好办：在主体架构不变的情况下，通过更换和加减材料，就可从容应对天气的冷暖。冬天冷得不行，加苫毡，一层不行两层，还不行，就把薄的换成厚的。夏天热得不行，把苫毡减为一层，一层还嫌热，干脆把毡子去掉，顶棚换成苇帘，围毡换成柳笆。这两种东西，不仅凉快、轻巧，还能透风，同时又能防雨，简直是天然空调，在夏牧场上使用非常适宜。没有苇帘、柳笆的地方，夏天可以拿掉底边围子，再不行把毡边撩起，蒙古包就变成了凉亭。

大风起兮云飞扬，吊个沙袋兮固我毡房

小知识◎炎夏的蒙古包能风干牛羊肉

有趣的是,在骄阳如火的七月,利用蒙古包自然通风的特点,还可以把鲜肉晾成干肉条。这样晾出来的干肉,吃面条时削进去一些,吃起来特别有嚼头,鲜美异常。我们把鲜肉放在冰箱里,过一个礼拜再取出来吃,味道就差多了。新疆伊犁地区的蒙古人,夏天住在长满苍松翠柏的山上。他们火撑里烧的,也是松柏树的干枝。他们的肉干,就吊在套脑的周围,密密麻麻、条条缕缕一大圈。

松柏枝燃烧的芳香烟气,通过烟囱冒出去的时候,有一部分熏到肉里,使风干的肉渗进松柏的芳香,吃起来别有风味。利用现成的住宅风干牛羊肉,可以说是蒙古包的一项绝活。

特殊的风干肉

3　蒙古包设计符合科学

内地住惯房屋的人，乍见蒙古包，总觉得它简单、简易、简陋，支支架架搭起的茅庵草舍，没有多少深奥的科学内涵。其实恰恰相反，蒙古包浑身上下都闪烁着科学的光辉，充满着游牧民族的大智慧。就像一篇文章，简单明白的文字同样能够包含深刻的寓意；音乐的音符不过七个，却能演化出千变万化的旋律。如果一个东西貌似简单，却非常实用和充满科学，那才是真正先进的东西。蒙古包定型以后几百年不变，19世纪末还有100多个种族使用蒙古包，这其中必然包含着深刻的道理。

硬壳原理

鸡蛋壳那么薄，为什么能握而不破？因为它是一个卵圆形。物理学告诉我们，同样的东西，如果做成空心或者弓形的，必然会用料最少，强度最大，重量最轻。赵州桥是这个道理，国家大剧院也是这个道理。聪明的游牧民族，似乎在实践中更早地懂得了这个道理。套脑的基本构造，就是一个"米"字构架跟大小两个圆圈固定在一起。但它们不是简单的平面，小圈在大圈上面，全都鼓了起来，没有一处是直的。就是小圈之间起加固作用的辐衬（指那四个短竖），也按着同样的弧度鼓起，撑起了一个圆壳（否则下雨时毡包容易下陷）。乌尼呈伞骨状辐射以后，也变成了圆的。有的地方，还把乌尼头或者乌尼腿也弯成弧形，加强了这种效果。哈纳是"S"形的，也有鼓出的一面。由于毛绳捆而不松的特殊性能，再加上在用材方面，选的都是轻而坚韧、富有弹性、耐压的山杨红柳，组合起来以后，就成了一个薄壳。内地的客人，看到旅游点上的蒙古包，椽子十分单薄，担心屋顶会掉下来，其实是不懂这里面的奥妙。

火罐原理

住土房的地方，如果炕盘不好，屋里容易倒烟，烟往屋里飘。如果遇上东西南北乱刮的风，那咋整也无济于事。蒙古包不会出现这种情况，原因何在？还得到蒙古包的造型上去找。有风的天气，蒙古包里生火的时候，一般要放下幪毡，这样蒙古包就变成一个火罐。投火燃烧以后，包里外形成一种压差。根据科学家研究，由于蒙古包顶部是个半球体，无论从哪个方向来风，都会在蒙古包上空形成一个小低压区。所以蒙古包的炉灶特别好用，即使包里采用了比较弯曲的回龙灶，烧有潮气的羊砖粪（羊圈里羊粪被践踏以后形成的粪层，用锹裁成方块晒干以后变成的燃料），蒙古包里也绝对不会留烟。我们看到砖房有的烟囱上装有一个小伞一样的装置，以为是用来防雨的，其实它是要利用风力产生低压，好让炉里的烟排得更好，游牧民族没有这么多累赘的东西，却取得了同样的效果。

保温原理

蒙古包能够抵御零下四五十度的严寒，因为毡子是一种保温材料。牧民的毡子又虚又软，根本不像农区的毡子一叠回来就折断，为什么会这样呢？他们是故意把毡子做成这样的，因为这种毡子里面可以保存大量空气，外面的冷气进不来，里面的热气也出不去。而且这种虚软的毡子，沙土刮来的时候，虽然会嵌进里面一些，但一掸就可以去掉。同时这样不容易折断，适合频繁搬迁的需要。这样的毡子还有一个特点，睡在里面的人可以听到外面的动静，比如狼进了浩特、土匪来了、半夜起了风暴，都能及时察觉。虽然不太隔音，不习惯的人可能睡不踏实，但对游牧民族来说却是梦寐以求的。

一些相对定牧的地区，在很早以前就有了热炕。家里有老人和病人的人家，住这样的蒙古包再合适不过。目前，蒙古包里盘炕的情形主要有下面两种，一种是把蒙古包的地面一分为二，把前面的半个圆挖下去 0.5 米，修理平整，作为地面，后面的半个圆盘炕，灶火盘在正中间，与炕相通。这样熬茶做饭的时候，就能把炕烧暖。另一种在蒙古包外西边挖地灶，里面不分地和炕，全部走烟通暖，蒙古包外东面用泥巴土坯垒 2 米高的烟囱。这种炕的主要特点是取暖方便，熬茶做饭的锅灶盘在正中间，烟从蒙古包套脑走出，不能同时供暖。

力学原理

众所周知，农民盖房房顶要搭梁，梁上要搭椽子，椽子上面要搭栈子（由芦苇、木片或者柳笆组成），栈子上面还要抹泥。分量很重，跨度又大，所以这些梁和椽子必须粗壮结实，耐压力强。蒙古包的巧妙之处，就在于把这套东西，由一个层面分解成上下两个层面。上面的套脑，不起梁的作用，椽子只把头儿搭在它的上面，大部分重量传递给了哈纳。乌尼往哈纳上搭的时候，用了一个斜坡，形成一个下滑力，所以套脑和乌尼承受的力，要比通常的房顶小得多，材料相对单薄一些也没关系。而这样一来就减轻了分量，不仅搬迁、运载、搭盖容易，而且把它变成了活动房屋，把泥水活全省掉了，是一举多得的好事。

仔细观察蒙古包的构件，就觉得它们搭配得非常科学合理，尤其是串连式蒙古包，在刚把套脑的骨架做出来以后，只有一个里圈、两个或三个外圈、中间的"十"字架，外人根本猜不到能用它做什么。但是，只要把那些叫作匙形木片的小东西，在两个或三个外圈之间均匀地绑一圈，再把乌尼往上一穿，蒙古包的顶子便完整地出现了。这种轮形套脑、伞状乌尼、弓形哈纳的结构分布均匀，连接巧妙，结构合理，受力均衡，传导迅速，把重力均匀地分散到大地上。别小瞧哈纳的那些网格，游牧人将哈纳由方形变成菱形，蒙古包的耐力就增加了上千斤，足以保证下雨的时候，围毡饱浸雨水以后不会垮下来。菱形的哈纳就是蒙古包能够以轻负重，以弱胜强的秘密所在。

几何原理

每个走进蒙古包的人，都会有这种经验，觉得蒙古包好像不怎么大，但是里面很宽敞。这其实暗含一个普通而又深刻的几何原理：周长相同的情况下，圆的面积最大。或者说面积相同的情况下，圆的周长最小。蒙古包看上去很小，里面的容量却很大，这是因为蒙古包的底座是圆的。其周围一圈可以放许多家具，睡七八个人，空中也可以利用，哈纳头上可以挂许多零碎小家具。在打草的时候，一顶六个哈纳的蒙古包，转着圈可以睡下二十多个年轻人。搭建蒙古包，比盖房子要省地方，但是里面使用的空间大。同时这种特殊的圆体结构，形成一个天然的回音壁，在蒙古包里饮酒娱乐效果极好。由于透视的关系，在大一些的蒙古包里，贴一幅草原为背景的画，会让人感到蒙古包好像没有边际，能够跟着这幅画走到天边，走到草原尽头。如果把这幅画贴到方正的墙上，就不会产生这种效果。

当然，还可以列举出蒙古包的许多优点，比如没棱没角，牲畜不能蹭痒痒，洪水来了容易躲，不怕地震，等等，那都是一些派生优点。

小知识◎蒙古包日晷

蒙古包，什么时候都会给人一种宽敞明亮的感觉。宽敞的感觉，是由球体结构造成的。而明亮的感觉，是由于蒙古包的套脑开在当顶上，它的日照时间几乎和太阳的光照时间一样。更有趣的是，由于这种套脑的结构和乌尼的伞骨，能够均衡地丈量太阳照在蒙古包里的时间，蒙古包几乎成了一个永恒的日晷、不花钱可天天看的太阳历。标准的蒙古包，计量时间最准确。所谓标准的蒙古包，就是有4扇哈纳，每扇14个头，门朝东南开；加起来一共是56个头，也就是能放56根乌尼，门头上放4根乌尼，也就是正好插60根乌尼杆；两根乌尼之间的夹角是6度，这样算下来，正好360度，转了整整一圈。太阳一照，就是一个天然的大日晷。这可是一举几得的好事，牧民一可以使用它来计时，安排一天的牧业生产；二可以用它来纪年，十二生肖，六十甲子，还能推算一个人的年龄；三是可以利用它来计节气，推算春分、夏至、秋分、冬至大致什么时候到来。

计时在牧业生产上，有很实际的意义。也可以说，牧民是看着它来安排日程的。从日出到日落，太阳照到蒙古包的什么地方，都有专门的术语。

"太阳照到套脑圈了"，这是早晨太阳升起的时刻。

"太阳照到乌尼中间了"，是指太阳已经升得很高了。

"太阳照到哈纳头上了"，大概到了小晌午。这个时候，正是放牧的人到了远处草场的时候。

"太阳来到床上"，说明已经快到中午。

"太阳来到了正北"，说明到了春夏的正午。

"太阳来到了东北"，说明时间已经过午。

"太阳爬上了哈纳头"，说明已经到了大半后晌。

"太阳到了乌尼中间"，或者"迎接羊倌的太阳"，夏秋季节，牧民一向天一亮就把羊放出去，放羊的人喝过早茶以后，就去把一早出去的人换回来。午后，"太阳到了乌尼中间"，再把那个放羊的人迎接回来。这样就有了"迎接羊倌的太阳"的说法。

"太阳从包里出去了"，说明太阳快落了。

蒙古族的纪年方法，也用六十干支，但是顺序不一样。而是把甲午留在门口，甲子留在正面。禄马（甲午）从门口进来，宝鼠（甲子）在正面坐镇，家里必定兴旺。一圈60根乌尼，60年正好转回来。从蒙古包西南的第一扇哈纳数起，顺时针往回转，每个哈纳有14个头，也就是有14根乌尼。

第一扇哈纳的第一个头是乙未，第二个头是丙申……第十四个哈纳头是戊申，这样第一扇哈纳就结束了。第二扇哈纳的第一个头是己酉，第二个头是庚戌……最后也就是第十四个头是壬戌。第三扇哈纳的第一个头从癸亥开始，第二个头是甲子……到最后一个头丙子结束。第四个哈纳的第一个头从丁丑开始，到最后一个头庚寅结束。这样算下来，一共是56年。还剩辛卯、壬辰、癸巳、甲午四年，轮到了搭在门头上的四根乌尼，所以甲午最后落在了门口，从乙未算起正好六十年。

三 蒙古包是会行走的绿色建筑

春夏秋冬的轮回，决定着原生态动物春乏夏长秋肥冬藏的命运。家养的牲畜由于牧人的科学管理和奋力抗争，才躲过了死亡的厄运，保持了长久的繁衍生长。游牧民是离自然最近的人，每当嘹唳的雁声划破长空，人们似乎听到了冬天的脚步声，打草场上的钐镰急忙做出呼应，要给牲畜准备足够的饲草，事先用勒勒车运到冬营地去。冬营地是牧人较为固定的住处，背风向阳，牧草离离，暖棚等设施比较齐全。但他们并不是在这里消极地"猫冬",冬天还是收获而繁忙的季节,大批的冬羔要在这时产出,远远地补偿了当年冬天宰杀的数量。转眼到了南雁北归的季节,牧草再次泛绿,冬羔已经长大,跟上它们的母亲,离开冬窝子,到短暂的春营地去,开始了一次新的轮回。"四月草初长,牛羊未尽肥",这时候实际是牲畜体质最差的时候,不能由着它们的性子到处"跑青",牧人仍然不能掉以轻心,必须每天跟在牲畜屁股后面放牧。夏季到来,百花盛开,牧草繁茂,奶水开始涌流,牲畜开始发情,制作奶食品的繁忙季节已经到来。不用说,还要几次倒场,才能维持这种美好的局面,牲畜很快有了水膘。美好的环境也给苍蝇、牛虻提供了繁育的机会,它们疯狂地袭击牲畜,再加上天气炎热,牲畜吃不好草。这时候牧民又开始向山头转移,因为那里天高气爽,没有害虫的干扰。休闲了一年的牧草开始开花接穗,牧民要让牲畜好好地抓一次油膘,以便有足够的热量抵御冬季的严寒。估计不能越冬的牲畜,还要趁膘好时处理掉。一些大羯羊和肥牛也要杀掉,当作冬储肉自己食用。如果当年天旱,草没有长好,又遭了大雪灾,牧民就得离开冬营地,到他乡远地走场,进行更多次的搬家。

从另一个方面来说,这种绿色的轮回既是必要和必需的,也是明智的和科学的。不等一个地方的水草吃败,就搬家到另一个地方,对牲畜来说,吃的永远是鲜草,喝的永远是清水,营养均衡,身体也长得特别结实,肉质也紧凑而鲜美。草场在这种运动中,也获得了休养生息的机会,不会因为过度放牧而衰退,有了可持续利用和发展的后劲。从一个更高的层面来看,蒙古包作为物质文化的一个重要方面，对蒙古人的体质、性格、气质、文化心理的形成，有着不可估量的作用。蒙古人说走就走，行动敏捷，喜欢新鲜天地，富有开拓和冒险精神，心齐好动员。

蒙古民族跟着牛羊运动，带着蒙古包东走西迁，整天跟酷暑严寒搏斗，从小在马背上和运动中接受锻炼，体质耐力、忍饥抗寒的程度是其他民族望尘莫及的。由于牲畜和住宅便于流动，在打仗的时候，士兵出发，老婆孩子跟着，帐篷、车辆、牛羊一大堆，路上牛羊照样产羔，少年可以长大成人。卫国就是保家，保家就是卫国。士兵既能打仗，也是牧民；家属既是牧民，也是后勤保障。军队无后顾之忧，却举目皆是要保护的对象，必须义无反顾，奋力死战。按照明代岷峨山人的总结，当时的蒙古人有轻生、乐斗、心一、力猛、技精、胆大、好野战七大特性。宋代出使蒙古的徐霆，就亲眼看到过这种情形："霆在草地，见其头目民户，车载辎重及老小畜产，尽室而行，数日不绝，亦多有十三四岁者，问之，则云此皆鞑人调往征回回国，三年在道，今之年十三四岁者，到彼则十七八岁，皆已胜兵。"这些生动的记载，为我们了解蒙古包提供了文字材料。

1 蒙古包的构造
——三位一体的独特建筑

　　蒙古包的构件,简单来讲就是四个字:三位一体。从架木来说,是套脑、乌尼、哈纳三位一体,典型的可分可合的三段式结构,创造了一种只有游牧民族才有的独特民居。从材料来说,是毡子、皮毛、木头三位一体,不用一根铁钉,全是就地取材,表现了一种深刻的地域性和顽强的适应能力。从苫毡(覆被物)来说,是幪毡、顶棚、围毡三位一体,上面全是毡子,因此蒙古族又以"毡帐之民"的称呼名垂青史。

　　人们常用佛家八宝来比喻蒙古包,这比喻贴切又形象:

　　　　毡包形如甘露瓶,
　　　　洁白就像海螺般。
　　　　哈纳赛过吉祥结,
　　　　顶饰美如莲花瓣。
　　　　木门张开如双鱼,
　　　　乌尼撑开像把伞。

围毡展开一面旗,

套脑如同法轮转。

架木上的三位一体

套脑

套脑有三款:

"井"字式套脑 "井"字式套脑,也叫栅栏式套脑,是套脑进化的最初形式。它是在原来"十"字形套脑的基础上,上面两根、下面两根地搭起来,变成一个"井"字,把腿弯成"∩"形,削尖插在一个大圆圈的窟窿眼里。看上去活像一个瓜皮帽的骨架。

"井"字式套脑

大圆圈用木头,上面的"井"字,大多用柳条。较大的套脑,又在"井"字上加了一横一竖,变成三三交叉,这种比较普遍。个别还有四四交叉的,但做法都一样,只有一个大圈,不像其他款式的套脑,总有一大一小两个圆圈。

"井"字形套脑所有的乌尼都直接插在这个大圈上,可以一根一根取下来。这种是所有套脑样式里最古老特殊的一种,是套脑的活化石。

这种套脑主要流行在历史上蒙古族卫拉特后裔和哈萨克等族居住的地区,即现在我国的新疆(含青海、阿拉善)和蒙古国西部部分地区。

插孔式套脑 插孔式套脑一般只有一款,它有大、小两个圈,大圈在外，小圈在里。大圈在下，小圈在上。用"十"字梁来固定，梁是弓形的。"十"字的一横为东西梁，也称主梁；一竖为南北梁，也称辅梁。主梁和辅梁指向东西南北四方。横竖交叉的地方叫其格德嘎，坠绳从它下面引出，大风暴来临的时候，可以用它来固定蒙古包。另外在大圈和小圈之间，加短木四根，把大小圈紧紧拉住，有点像车辐条的作用，短木名为辐衬，分别指向东南、西南、东北、西北。辐衬也是弓形的。它不仅把套脑紧密地结合成一个整体，增加耐压力，还能防止包顶塌陷，幪毡（苫在套脑上的毡子）的某一块从上面垂下来。

插孔式套脑

这种套脑是一个整体，一旦做成，便不能拆卸。乌尼直接插在外圈的孔里，搬迁时可以一根根卸下来。在内蒙古、蒙古国用得很普遍。这种套脑的里外圈，都是木头做的，一般不用柳条。

串连式套脑 串连式套脑的款式比较多，其共同特点是：

一、套脑由两个半圆并在一起合成，并合的地方用2或4道闩关固定，共同组成主梁（东西梁）。

二、每个半圆至少要有两个外圈，材质一般以柳条为多。

三、把木头做成规格一样的细木条——匙形木片。上面打孔，固定在两个外圈上。把外圈完全封闭，中间不留空隙。

四、匙形木片的末端比较细小，间隙相等，每个上面都有圆孔，可以把乌尼上端（其上也有圆孔）插在间隙中间，用皮条跟匙形木片穿缀在一起。一旦穿缀以后，匙形木片和乌尼都不能轻易拆卸下来。

串连式套脑主要在内蒙古和蒙古国东南部地区使用。

串连式套脑

套脑是游牧人对住所改造的重大功绩。它的基本结构，是用"十"字形木架撑起大小两个圆圈，小圆圈隆起在大圆圈之上，在大小圆圈之间，又用四到六根辐衬拉住，"十"字架和辐衬都是弓形的，构成一种方圆皆备、横竖合璧、圆顶拱形、构造科学的构件，像一顶圆帽高高地盖在蒙古包的上面，蒙古人也把它看作毡包的首脑。由于套脑的介入，扩大了蒙古包的容积，人进去以后不用再低头弯腰。套脑使蒙古包空气流通、光线充足、走烟透气、开合自由，不断与大自然交换声息，融为一体。

乌尼

乌尼呈辐射状斜搭在套脑与哈纳之间,是撑起蒙古包顶棚的长木杆子。它不像套脑有那么多样式。一般只有两种,一种是一端直,一端弯曲;另一种两头都是直的。如果把套脑比作人的头部,那么乌尼就是人的胸腰。

串连式套脑,乌尼的上端与匙形木片穿在一起

做乌尼用的木料,长短粗细都一样,整体端直。它的上端,一般要削成方头。如果与"井"字式套脑和插孔式套脑搭配,直接插进去就行;如果与串连式套脑搭配,侧面要横打窟窿眼,与匙形木片侧面的窟窿眼用皮绳穿在一起。乌尼的下端,都有一个窟窿眼。

做乌尼的木料一般是圆的或者椭圆形的。蒙古国有些地方的乌尼,上半截是方棱的、下半截是圆形的。方的那段被油成蓝色,圆的那段被油成黄色。还有的把方的那段与套脑一起彩绘出来,保持了统一风格。

乌尼的长短,是套脑直径的 1.5 倍。因此套脑加大以后,乌尼跟着就要加长,数量也要相应增多。

乌尼的优点是:

一、把毡包的顶棚变成斜面,出水方便,阻挡风沙。

二、伞股状分布,受力均匀。

三、在不拆卸蒙古包的状态下,坏了可以单独更换。

哈纳

哈纳的发明，是游牧民居发展史上的一场革命。如果说套脑是蒙古包的脑袋、乌尼是蒙古包的胸腰，那么哈纳就是蒙古包的腿或者下半身。哈纳的出现，才使蒙古包走得更远，更让人住得如意。哈纳对图乌日嘎（原来的邦壁，或称筒子）的最大改动，是把它由一层变成了双层，把过去一整个圆筒变成可以拆卸的一扇一扇的单体。具体地讲，是把长短不一、粗细相同的两层柳条重叠起来，在适当的位置打眼儿，使它们上下贯通，再用皮钉一个个穿起来，展开来就成为一种网格状的方形大扇片。这种方形大扇片，就是哈纳。每一个方形大扇片，就是一扇哈纳。每扇哈纳的构造都是一样的：上面伸出的叉头叫头，用来安放乌尼的尾端。下面伸出的叉头叫蹄，插在地上。两旁伸出的叉头叫口，与邻近哈纳片的口对接。这样一扇扇对接捆扎以后，就变成一个圆筒形的整体，成为蒙古包的下半部分的"铜底铁帮"，承受较大的压力。哈纳作为蒙古包的腿，使用的多少决定着蒙古包的大小：

一、如果蒙古包想搭得大一些，就多用几扇哈纳；想搭得小一些，就少用几扇哈纳。所以哈纳的多少，就成了衡量蒙古包大小的一个标准。蒙古人说起居家的大小，从来不说多少平方，也不说几檩几椽，而是说几个哈纳的蒙古包。1949年以前，内蒙古普通百姓多住4扇哈纳的蒙古包，富裕人家可以住到6～8扇哈纳的蒙古包，只有王爷和上层喇嘛才能住12扇哈纳的蒙古包。再加上装饰的不同，哈纳的多少的确成了一种等级的标志。

二、蒙古包的大小，不完全是由哈纳的多少决定的，同样哈纳的蒙古包，也不是一般大的。蒙古国4扇哈纳的蒙古包，差不多跟内蒙古5扇哈纳的蒙古包一样大。这就引出了一个"头"的概念，头是描述哈纳的很重要的一个标准。它是通过增加两面的柳条决定的，每增加一根柳条，就增加一个头，增加一个网眼的宽度，同时网眼也要增加。这一特点，为扩大或缩小蒙古包提供了可能性。所以同样的哈纳数，头多了也可以增加蒙古包的容量。牧民说起蒙古包的时候，总是几个哈纳几个头的蒙古包一块说。这样描述的蒙古包，在大小上就更为准确。

三、决定蒙古包大小、高矮的另一个秘密，是在哈纳的皮钉多少、皮钉间距离的大小上。如果一个牧民在讲述他的住宅的时候，说了多少哈纳多少头多少皮钉的蒙古包，这样才算十分准确了。熟悉牧区生活的人，听了这种描述，不仅能知道蒙古包的大小，同时也大体知道了其高矮。所谓多少皮钉，是指一条完整柳棍上的皮钉数量。牧民说多少个头、多少皮钉的哈纳，基本上能够代表哈纳的大小、高矮。把两层柳条钉在一起的是驼皮钉。没有驼皮钉的时候，牛皮钉也可以将就。钉驼皮钉时不能把两层柳条所有交叉的地方都钉住，那样哈纳上的网眼就成了死的，伸缩的幅度非常有限。必须有规律地留出一些气孔（就是有些交叉的地方故意不钉），这样哈纳才能活起来。因为这些窟窿和皮钉都是圆的，上面的重量压下来以后可以自由转动，从而调节哈纳上网眼的大小和形状。驼皮钉少一些的撑开的程度大，蒙古包搭起来显得矮胖；驼皮钉多一些的撑开的程度小，蒙古包搭起来显得高瘦。简而言之，皮钉越多，哈纳竖起来越高，往宽拉的可能性越小；皮钉越少，哈纳竖起来越低，往宽拉的可能性越大。蒙古包要高建的话，包里空间就小，显得窄憋；矮建的话，包里容量就大，显得宽敞。秋天雨多，就采取第一种形式；冬春风大，就采取第二种形式。哈萨克族的哈纳折叠回来的时候，只有0.6米宽，可是把它拉到与门一般高的时候，撑开的宽度有3.8米。伸缩性非常大。哈纳的这种伸缩性带来的种种好处，固定的土房是绝对做不到的。这一特点，又决定了蒙古包选址不严，只要不是大坑大洼，稍微不平点儿、偏斜点儿，都能凑合，在网眼上做文章就行了。哈纳的这一特性，给蒙古包的装卸、运载、搭盖带来了许多方便，也为蒙古人四季游牧提供了最大的居住便利。

四、哈纳网眼的大小，又是蒙古包的一个神奇之处。哈纳的皮钉上有学问，网眼上也有学问。如果哈纳没有网眼，都是一些直棍，互相没有东西可拉，上面的重量下来以后，轻则立刻变形，重则马上压垮。而有了网眼以后，哈纳头均匀地接受了乌尼传来的重力，这压力会通过每个网眼分散和均摊下来，有压力大家分担，包括每个钉眼都要使劲，再传到哈纳腿上，最后传给了最能承重的大地。这就是拇指粗细的哈纳棍，何以能负千斤重载的奥秘所在了。网眼的另一个作用，是蒙古包搭得偏正的试金石。网眼调整得大小匀称，可以一碗水端平，让哈纳保持在一个水平面上，这样才能使整个蒙古包匀称、端庄，受力均衡而美观。

现代哈纳一般分为两种，新疆的哈纳叫特日木，从侧面看基本上是一条直线，是一种直腿哈纳，代表了哈纳发展的前期阶段。内蒙古和蒙古国多数地方的哈纳，是弯度较小的"S"形。但是，任何地方的哈纳扇立起来的时候（它们的规格要求一致），从侧面很容易看出并不是一条直线：头有点外撇，肚子稍稍向外腆出，再往下是笔直的，蹄子却又向外弯出。这样做主要是为了能吃上劲儿，稳定乌尼，使包形浑圆。

苫毡上的三位一体

苫毡与架木一一对应，覆盖套脑的叫幪毡，覆盖乌尼的叫顶棚，覆盖哈纳的叫围毡。苫毡是蒙古包架木上的覆盖物，是蒙古包的衣服。

幪毡大部分是标准的正方形，也有四个角呈锐角形的。幪毡上面有带子，可以启闭蒙古包的套脑，刮风下雨和夜晚关上，晴天丽日经常开启。

由于乌尼呈伞状辐射，顶棚就像一个展开的扇面（梯形）。围毡都是长方形的，有的略呈梯形，一般都是四块。擀毡子的时候，多数地方一次成型，这样使用起来非常方便。

苫毡的派生物一个在最下面，一个在最上面。最下面是底边围子，是把围毡转一圈围上的附属物。苫毡最上面的附属物是顶饰，它是披散在顶棚上的部分，但并没有把顶棚苫严，就像人的披肩一样，起装饰作用，像样的人家或者旅游点才有。

幪毡

幪毡是苫盖在套脑上的部分，多数是正方形的，四个角上缀着四根带子，三根带子挽死在围绳上，南面的带子是活的，每天早晨，用它把幪毡向后一拉，前面一半正好叠在后面一

一群麻雀落下的地方即为幪毡（卫拉特式）

半上，出来一个等腰三角形，掀开半个天窗，阳光便从天而入。晚上或风雨天，可以把幪毡拉下来把套脑完全盖住。即谜语所谓"白天三尖子，晚上方片子"者也。当然它也可以开得再小一些或再大一些，这样便可以起到调温、调光和交换空气的作用。在晴天丽日，不能把幪毡盖上，因为蒙古习俗只有家里死人时才这样做。

顶棚

顶棚是蒙古包顶上苫盖乌尼的部分。如果说幪毡是蒙古包帽子的话，顶棚就是蒙古包的上衣。它跟套脑相接的部分叫领口，跟哈纳相接的部分叫下摆。但顶棚不是作为一个环形套在乌尼上的，而是从中间一分为二的两个扇面，这样就分出了前片和后片。两片相接的地方叫中缝，但前后片不是在中缝的地方对齐就行了，而是后片要长一些，前片要短一些，后片压在前片上，重叠一拃左右，重叠的地方叫边。如果要铺两层顶棚，里面的那层正好相反，前片长一些，后片短一些，前片压在后片上。这样使得结构紧密，不透风雨。为了把它们固定在乌尼上，必须在两片顶棚对接的地方缀带子。里面的顶棚一般有外面的顶棚压着，可以不缀带子。外面的顶棚，则必须缀带子。顶棚的四面缀八条带子：领口上一对，下摆上一对，中间靠上的部位两对。

围毡

围毡是围绕哈纳部分的毡子覆盖物，它是蒙古包的裙子。蒙古包一般有三到四个围毡。围毡呈长方形，其上边也叫领子，底边也叫下摆。围毡跟顶棚一样，也不是把相邻两片正好对接就可以了。领子的部分，要超过哈纳头盖在顶棚上。侧面的部分，也要重叠一拃左右。这样用围绳捆住以后才能结成一个整体，使其有效地遮风挡雨。围毡与顶棚重叠的地方，一般叫衬毡，有的人家还在衬毡里面放点小物件。

用柳笆做围毡比较简单，用几扇柳笆把哈纳围回来就行了。对接的地方重叠起来几寸，也不用另加毛绳来捆，当腰只用一条围绳。因为柳笆是挺的，很结实，自己能立起来。用编织袋做围毡更省事，弥成一个长条圈回来就可以了，里面还可以再加一层塑料布。这些当然

正在上围毡("井"字式)

是夏天的做法。

顶饰

苫毡的派生物一个在最下面,一个在最上面。苫毡最上面的附属物是顶饰,它是披散在顶棚上的部分,但并没有把顶棚苫严。就像人的披肩或云肩一样,只起装饰作用,所以译为顶饰。一般的蒙古包没有,像样的人家或者旅游点才有。顶饰和官员头上的顶子一样,是一种地位的标志。其实,就是一块装饰布或者装饰毡。王爷、喇嘛用红色,一般官员用蓝色。

有人说顶饰是有腿的幪毡,有人说它是有舌头的幪毡。腿也好,舌头也好,都是指顶饰垂下来的长条。顶饰一般是八角或者八条,分指四面八方。四个秃角,四个尖角。秃角长,尖角短。秃角虽长,但不能够着哈纳。顶饰鸟瞰像一朵八瓣莲花,罩在顶棚的上面。秃角正对东西南北,每个角上有两根带子。尖角正对东南、西南、东北、西

装饰顶棚的顶饰（克什克腾旗）

北四个方向，每个角上有一根带子。这些带子，一般都拴在上、下围绳上，也有的在地上钉一个橛子，把带子掏过围绳，拴在橛子上。所以顶饰除装饰功能以外，也起着固定蒙古包的作用。

底边围子

蒙古包最下面是底边围子，底边围子实际上就是墙根围子，因为蒙古包没有实际意义上的墙，所以译为底边围子。它是围绕围毡转一圈将其底部压紧加以封闭的部分。作用有两个，夏天防止雨水沤烂毡子，防蚊虫；冬天用来保暖。蒙古人给的称谓很科学——夏天的叫普通围子，冬天的叫暖围子。底边围子材料不仅有毡子，其他材料也行，春、夏、秋三季用木板、芨芨草、小芦苇、帆布，冬季才用毡子。毛毡底边围子可是召庙和大户人家用的奢侈品。一般牧民到了冬天，往往就地取材，把雪堆到蒙古包的底部，或者埋上一圈沙子，虽然不很

三 蒙古包是会行走的绿色建筑 | 53

柳笆做的底边围子

雅观，但能起到保暖的作用。木头围子是把相同规格的木板串起来做的。木板一尺长、三指宽、一指厚，上面钻两个眼儿，用细皮条互相联结起来，顺着蒙古包的底部围回来，最后穿过木门最下面拴围绳的窟窿眼儿，拴在哈纳上面。底边围子的上面一圈，有的还刻出城墙雉堞或桃形的纹饰，用彩漆油出来。

　　底边围子，陈巴尔虎旗有用柳条编的，乍看很像半截柳笆围毡，编法也完全一样，就是矮一大截。这种底边围子透风、隔雨、不怕潮湿，能有效保护哈纳，是夏天的理想用品。

小知识◎毡门

　　毡门的出现比木门早，在木门未出现以前，毡门就出现了。由于毡门轻，搬运起来方便，很适合游牧需要。木门出现以后，毡门就挂在木门的外面，一是用来挡风，二是用来装点门面。毡门呈长方形，竖着吊在门框上，跟哈纳、木门的高度基本一致。毡门一般是用两层毡子纳在一起做的，面子用短毛毡，因为短毛毡干净，挂在门外显得好看。里子用长毛毡，吊在里面暖和。贵客出入的时候，主人要把毡门折叠起来，放到门头上，叫作撩毡门。

苫毡的所有部件，要用毛绳压边，好像蒙古袍的镶边一样。这种毛绳，是用马鬃一正一反搓出来的，再跟毡边缭在一起，呈现一道"人"字花纹，同时能防止毡边起毛松弛。顶饰如果用毡子做，上面要用黑布剪贴图案，用毛绳压双边，在秃角上盘成吉祥结。幪毡的四面都要压粗细两道边，四角上盘出吉祥结。顶棚的四条边上，也要用毛绳压出来。围毡的下摆不用压边，领子上穿孔，把细毛绳穿进去，像抽口袋那样把上半部分捆紧。毡子做的底边围子，上面有花纹，用蓝布沿边，再用马鬃绳压条。工艺最细的是毡门，除了压双边以外，里面要分成若干板块，全部用驼毛线纳出来。图案千姿百态，是一道亮丽的风景。

◎巴根与柱

蒙古包盖越大就越重，大风就会把套脑的某一部分吹得倾斜或者下陷。串连式套脑，多有这种情况发生。所以跨度大的蒙古包，下面就要用柱子顶住，通常两根即可。哈纳到了十扇以上，要用四根柱子。一般人家的蒙古包里，都有一个圈围火撑的木头方框，在其两面或四角上挖个小坑，用来插放柱脚。柱子的另一头，顶在套脑上。

柱子和巴根，各地名称不太统一。一般倾向于把短一点的称作巴根，长一点粗一点的称为柱子。但从功能上来说，可以分为两类：喀尔喀家家户户都用的巴根，起的是柱子的作用。那是两

巴根上部

根一般高低、一般粗细的木杆，上面做成三角形，三角形的横边向上。搭盖蒙古包的时候，由两人举起巴根，用三角形的横边抵住套脑，让其他人往套脑孔里插挂乌尼。乌尼、哈纳都弄好以后，这两人就把巴根的另一头放在地上，把巴根支在那里。这样就成为两根柱子，牢牢地顶在套脑下面，什么时候也不去掉。内蒙古的巴根，平时不顶在蒙古包下面，只在上套脑的时候，由两个人用它们从两面顶着套脑的外圈，同时往上举起来，让其他人把乌尼插好。拆卸蒙古包的时候，也要用它们把套脑顶住，让人们把乌尼从哈纳头上取下来，它们的任务就算完成，不用老支在那里。有时候为了调整方位和架木，也要用巴根支撑一下。除了关键时刻用一下，平时巴根就搭在包里两个哈纳网眼的中间。搭在东面的，往往变成了衣架，可以在上面搭衣服；搭在西面的，就变成了晒肉杆，可以在上面晾肉，成为一个多功能的东西。搬迁的时候，

把它插在套脑里面，用小绳子跟勒勒车绑在一起，并使有凹面的那头（就是用来顶套脑的部分）朝外。

　　巴根的样式很多，主要表现在头上。最简单的巴根，选一根头上天然分叉的木橛就行，或者把一头刻成月牙形。稍微复杂一点的，有"丁"字形、"干"字形、三角形、芭蕉扇形，有的还有类似华表的装饰。由于蒙古包大小高低不同，巴根的粗细高矮也不相同。它的形式多样，有圆、方、六棱、八棱等。巴根上面都有雕刻图形与油漆彩绘，跟蒙古包套脑和乌尼的装饰相适应，有龙、凤、水、云和神仙人物等多种图案，描画得相当精致，甚至还有描金的。王爷的大包还有云纹水纹衬底的浮雕盘龙柱。

2 蒙古包的搭建
——轻松干净的画面

　　蒙古包的搭建，因蒙古包的样式、搬迁的季节、地区的不同，呈现出这样或那样的差异。"井"字式蒙古包、插孔式蒙古包、串连式蒙古包的搭建方法不完全相同。暖季和冷季搭建蒙古包也有着较大的差异。

　　蒙古包建造时，没有上柁架梁的那种沉重劳动，也不会让盖房人一身水、一身泥，脏兮兮的。不仅轻松、干净，画面也好看。一片青青的草地，蒙古包就在上面搭起来了；不知名的野花把清香撒满一包，蒙古包的地还是绿绿的。牧人戏言，山羊交配的工夫，就可以搭起一座毡包。

　　蒙古包搭建的普遍模式，是先立架木，后盖苫毡，最后放幪毡。

立架木

　　立架木的第一道工序是圈围哈纳。圈围哈纳前，先把选好的包址平整一下，在蒙古包的正中间（将来放火撑子的地方），把套脑放下，使辅梁正冲南北（插孔式套脑扣下，串连式套脑连乌尼立在那里）。把木门拿来，在将来要安门的地方，朝天平放，门楣朝南。哈纳扇子也拿过来，围着套脑放一圈，以便圈围的时候就近拿取。如果是有柱子的大包，则要先把柱子、将来安放柱子的四方框木（同时也是火撑子的四方框木）拿过来。而后从西南开始，圈围第一扇哈纳，把相邻两扇哈纳的口子对齐以后，从上到下将其捆紧。如此这般，把所有哈纳都圈起来以后，立起门框，把哈纳的口和门框捆在一起。哈纳一圈围起来以后，还要用绳子从外面把它箍住。在门框两边的门梃上，各打三到四个扁圆竖孔（也有钉铁环的），这都是用来固定围绳的。箍哈纳的围绳拴在最上面的扁圆竖孔里（多数跟上面的外围绳用一个孔），为了与蒙古包外面捆围毡的围绳相区别，直接捆哈纳的绳子称为里围绳。捆里围绳的时候，把一头从门框西门梃最上面的孔里穿出来，在哈纳上挽个疙瘩系住，另一头从哈纳的上部转一圈围回来，从东门梃最上面的孔里穿过来，虚挽在东南那扇哈纳上，等调整架木的时候再揪紧。

上套脑的时候，因为它的位置在最上面，一般人够不着。插孔式套脑，要人蹲在粪筐上

串连式蒙古包上套脑

往上举起，一个人就行；串连式套脑，至少要两个人各抓两根乌尼往上举（有的地方用巴根），并且要有人指挥，让它的南北梁重合在南北线上。其他人要眼疾手快，先在四个方向上插几根乌尼，把套脑立住，再从门两边开始，或从北面正中向两边同时开始插挂乌尼。

　　如只从一头开始，有时候就会拗住，受力不均衡，蒙古包容易偏斜。把乌尼往哈纳上插挂的时候，必须把乌尼腿上的绳环，挂在哈纳里层的头上，这样力的方向是向外的，只能压紧哈纳上的皮钉，不会把皮钉抽出来。乌尼腿上的绳环，如果不挂在哈纳头上的时候，不要硬拽，一定要摆顺以后再挂环儿。"强扭的瓜不甜"，没有对好、使劲硬挂上，架木容易走形。乌尼全部挂好以后，要把哈纳的根基适当向外拽出一些（或者一个人在里面，用背扛一下就可以），以便扩大毡包空间，同时根基也比较稳当。

盖苫毡

苫围毡

　　苫围毡，就是用围毡把哈纳的外面包起来。苫围毡时，上风头的围毡要压住下风头围毡的边儿。通常从西南开始苫起，也有的从西南、东南同时开始。从两边开始时，两片的边儿要与门框对齐。围毡的上边要超过乌尼腿，把乌尼苫住一些。两片围毡展开以后，要分别超出主梁（东西梁）的东头、西头一点。而后再苫东北面的围毡，东北围毡前面的边得超出东西梁的东面一点，把东南围毡的边儿压住，再把两边围毡的抽绳互相揪紧、错开挽住。最后苫西北面的围毡时，要用它把西南面围毡、东北面围毡的边儿压住。把它的两边分别超出辅梁的北头、主梁的西头一点，把它们的抽口绳与东北、西南围毡的抽口绳交错挽住，四块围毡便全部盖完。这样盖上的围毡，就能把所有的哈纳头与乌尼腿接口的地方紧紧地裹住，好像是粘贴了辐射下来的乌尼上面。围毡的下摆把哈纳腿裹紧，围毡下面的两个边角，都要捆在哈纳腿上。这样一来，全是上风头的围毡压住下风头围毡的边儿，风就不会把毡边吹起来，雪也不会从围毡间的空隙里钻进来。

苫顶棚

顶棚是苫盖乌尼的部分。先放前片（原先拆卸时带子放在里面，叠放起来，苫时用乌尼把它推上去展开就可以了），顶棚中心部位要与门楣正中、辅梁对齐，不要让套脑前倾，套脑的匙形木片不要露出来，顶棚的领子要与套脑外圈对好。前片放好后，后片要压住前片一点放置。

捆带子和捆围绳

带子主要用来捆乌尼外面的顶棚，围绳主要用来捆哈纳外面的围毡。捆带子和捆围绳，可以使毡包保持美好的形态，哈纳不外鼓，顶棚、围毡不下滑，大风天不飘起来。同时也使蒙古包富有生气，看起来很顺眼。

捆带子：后顶棚一面有四根带子，上面一根，中间靠上两根，下面一根。前顶棚一面只有两根带子，上面一根，下面一根。以门框为中心搭到乌尼上以后，后顶棚压住前顶棚。后顶棚上面和中间的两根带子，西面的斜向拉向东南，东面的斜向拉向西南，这样就在门头上面交叉出菱形图案，也叫吉祥结。后顶棚下面的带子，顺势斜揪下来，掏过中围绳，拴在哈纳腿上。前顶棚上面的带子，顺势从套脑上抽过去，西面的拉向东北，东面的拉向西北，这样只能交叉出一个"×"来，

交叉不出菱形。但是后顶棚中间靠上的带子一般都是双头，已用过两根。剩下的两根，被前顶棚借来做了它中间的带子（因为前顶棚中间被后顶棚压着，不能拴绳子），这样又能交叉出两个"×"，两个"×"

前面交叉出的吉祥结（"井"字图案）

自然变成了菱形，跟前面门头上一样。前顶棚下面的带子，跟后顶棚下面的带子一样，掏过中围绳拴在哈纳腿上。这样不仅能揪紧中间的围绳，同时也能揪紧带子本身。如果中间只有一根带子的话，那么用来交叉的带子就是四根，交叉出来的就是"井"字图案。

另外，还有人在前顶棚上面的带子上，加了一条支带子，用来弥补中间没有带子的不足，所以同样能在后面三三交叉出菱形图案。

捆围绳：牧民捆围绳的顺序是：先捆中间的围绳，再捆上面的围绳，最后捆下面的围绳。先捆中间的围绳，是因为许多带子都要从它身上掏过来。围绳一定要从西面捆起，从整的那头开始，把散的那头留在东面，拴在门框上的孔里时，要挽一个疙瘩。围绳一定要捆紧，不能越揪越松。压绳带子之类，一定要压在上下围绳的下面，从中间围绳下掏过来。围绳也

有三道围绳的蒙古包

起美化毡包的作用。

放幪毡

　　幪毡是一块正方形的毡子，把它对折，使其中两个直角重合，就成为等腰三角形。重合的直角冲北，三角形的底边朝南，放到套脑上，幪毡就算盖上了。盖幪毡讲究居中，不能靠前靠后或左右偏斜。幪毡是蒙古包的帽子，必须戴得端端正正的。折叠成三角形的幪毡，其底边要与套脑主梁（东西梁）对齐。它展开来的另一条对角线，正好与套脑的辅梁（南北梁）重合。幪毡四个角上有四根带子，西边的带子跟主梁西端对正拴好，东边的带子跟主梁东端对正拴好，北边的带子跟辅梁北端对正拴好。所谓拴好，就是让这三根带子分别从围绳下面掏出来以后，再从哈纳腿上绕上来，在中围绳上打个活结捆牢。南边的那根带子，把幪毡拉成三角形以后，松松地在中围绳上挽个活扣拴上。晚上封闭套脑的时候，把这根带子轻轻一揪，活扣便解开，再转着把等腰三角形的那部分揪过来，盖住前面的半个套脑，毡包就封闭了。开启幪毡的时候，讲究从包西往北顺时针拉带子。关闭幪毡的时候，讲究从包东往南顺时针拉带子。

3 蒙古包的搬迁
——会行走的绿色建筑

蒙古包搬迁的时候，最原始最普遍的方法就是车载和驼运。蒙古包作为一种"行"的民居，在萌芽的时候，就在全力谋求搬迁方便。蒙古包进化的过程，就是更好地适应搬迁的过程。

现代蒙古包这种架木和苫毡的结构，可以化整为零，缩小体积，更好利用搬迁工具的空间，同时也能减轻重量，这对于地广人稀的牧区特别是作为主要劳力的妇女来说，自然是非常适宜的。经过千百年的实践，无论是乌尼和套脑连在一起的蒙古包，或者是乌尼和套脑分开的蒙古包；无论是用牛车搬运，或者是骆驼驮运，都形成一种非常科学和固定的模式。包括一个疙瘩的挽法，都要做到"再多一点就余，再少一点就垮"的精确程度。

串连式蒙古包用牛车拉的时候，不用把相邻的两个半圆拆开，保持原样装到牛车上，使套脑的后脑勺冲着车头的方向。套脑的空壳子里，用怕磕怕碰的东西塞得满满的，这样装在车上方便。这种蒙古包用骆驼驮的时候，一定要从中间卸开，把主梁中间的插闩取开，套脑就成了两个半圆。骆驼身上一边驮一个半圆，口朝上，一个头朝前，一个头朝后，一左一右驮到骆驼身上。半圆的空腔里，放着怕打碎的锅碗盆勺之类。

插孔式蒙古包的乌尼，是一根一根取下来的，车拉驼载都一样。而所有蒙古包的哈纳，都是可以折叠的。围毡不论用什么工具运载，都可以作为衬垫使用，幪毡可以用来做包袱皮子。本来是要搬运的东西，自身却充当了搬运工具，蒙古包就这样不知不觉被消化掉了，这是世界上任何民居都望尘莫及的。

驮包两驼

蒙古包的两扇哈纳连接的地方，要用一种特制的毛绳捆起来。这种毛绳一共7根，俗称"七根捆绳"。每根毛绳的一端，都搓成环形。拆卸蒙古包以后，哈纳的捆绳又用来捆绑乌尼、哈纳和木箱。

捆乌尼用两根毛绳。乌尼一般有75根，拆下来以后分成两捆。把捆绳的一端从环里纫进去再拉出来，变成一个大圆环。从大头（尾部）套进乌尼捆里，用脚蹬紧，再绕一圈回来，拉到小头（头部，插入套脑的部分），再绕两圈捆结实。乌尼头部的一端，为了防止被山岩碰坏，要套一种自制的毡套子，再捆结实。这是山区的发明。

山区搬家时保护乌尼的毡套子

哈纳一共6扇，分成两组，

每组三扇摞起来（哈纳是双层的，从一端望去，能看到六层），同样把毛绳套个大环，从尾部（靠近地面的部分）套进去，用脚蹬住捆紧，把绳头纫进哈纳的一个头上，对角线方向拉到头部，再绕两圈捆住，这样捆哈纳也用了两根毛绳。

顶棚两片都不用捆，拆下来以后，在地上展开，先把上下两头折叠，再把左右两头折叠回来，带子放进里面，变成一个长方形。再从两头折叠回来，站在上面踩结实，成为一个长方体。

围毡四片，做法大同小异。因为它是规则的长方形，叠起来比顶棚更加容易。把围毡在地上铺开，使里子朝外，上下折回来，重叠为三层。再左右折回来，重叠为九层，用脚把边缘踩下去，成为大约半尺厚的长方体。

一座蒙古包正好用两峰骆驼运走。拉住缰绳让骆驼卧倒，从肚底（前腿跟前）把一条双环头大绳纫进去，铺在地上。所谓双环头大绳，就是把一条长绳从中间弯回来，出来一个整头"U"形和两条平行线。把折叠好的围毡，一面一个，抱到骆驼身上，紧贴两个驼峰放好，正好成了垫子。位置要尽量靠上，把两个驼峰包住，因为在上面还要捆绳子，要用它来保护骆驼脊背。再把两捆乌尼紧贴垫子放上去，头部向后。从地上把大绳揪起来，把那两根平行的绳头，从整头那端纫进去，两个人从两面各抓一个绳头，把绳子揪出来。脚蹬乌尼，把乌尼和围毡兜住捆紧，只揪得骆驼"嗷嗷"大叫。然后这两个人向相反方向走去（拉着绳子的手不能松劲），一个在驮子的前面，把乌尼的两端打个横躺的"8"字兜紧捆住。一个在驮子的后面，把乌尼的另外两端打个横躺的"8"字兜紧捆住。这样自然又出来一副驮架，上面又可以放东西了。一般可以再装两个顶棚，同样把双环头的绳子铺在骆驼身上，走一个"8"字，把两个顶棚兜起来捆住。这回不用脚蹬，只要压下去

一峰骆驼,搬走一半蒙古包

放停当就行了,因为地心引力的关系,只会越拉越紧。上面再搭上被子、毡毯之类的软和东西,上面再平放上门,用绳子跟乌尼头部绑在一起,最上面放酒笼、奶桶什么的。它们也可以吊到驼架上,里面还能放一些小家具。

在另一峰骆驼上的做法大同小异,先放两个围毡(这样四片围毡正好用完)做垫子,再放两捆哈纳做驮架。注意让哈纳的凹面朝里,尾部朝外就行了。代替顶棚部分的是两个箱子,已经用原来铺在蒙古包地下的毡垫包上捆好了,这样毡垫也用上了。箱子上面可以放柴火,拴碗桶。柴火上面放毡子、屉子,这样又出来一层,可以放幪毡,幪毡有四个锐角,四条带子,正好用来做包袱皮子,把锅、盘之类包进里面。上面还可以再放毡子,和哈纳紧紧绑在一起。最上面放套脑,头朝下扣,里面还可以放火炉筒子等物。

总而言之,蒙古包给人的感觉非常科学节省。一物多用,一专多能,自己的材料拆下来运送自己，不仅节省了材料，减轻了负荷，同时非常符合力学原理和搬运规则。人省力，骆驼也驮着得劲，再拆下来以后建造也十分方便，具有游牧民族便捷、利索、迅速和节约的特征。

搬家八车

平时勒勒车停在蒙古包后面，连成一排。搬家时一辆一辆地解开，拉到蒙古包跟前。

汉民族把自己的住宅叫作"家园"，因为"家"后面总跟着个"园"。蒙古族的习惯说法是"家车"，因为家后面的确跟着一溜车。"车"一走，"家"就连根端了。"居则毡为庐，行则车为家。"蒙古族没有那么多库房、菜窖，也不把金银财宝埋在地下，家中无长物。有些值钱的东西，男人就装饰在坐骑身上，女人就装饰在自己头上。所以蒙古人的马鞍和头饰，至今都是昂贵的工艺品。

家车是一种组合，蒙古包是家，勒勒车是车。勒勒车是一个总称，一般指牛拉的木头车。上面有篷子的叫篷车，有箱子的叫箱子车，有牛粪柴草的叫柴薪车，有水缸的叫拉水车，什么也没有的叫空车。勒勒车一般一辆能拉五六百斤，每辆都套一头犍牛，沙漠和沼泽地方都能行走。一般的人家，搬家时也得七八辆车；稍微富裕的人家，用十一二辆车；大户人家，用二十几辆车；王爷用上百辆车。

篷车

篷车搬家时走在最前面，它的篷子，是用弯成拱形的木头架子，里面镶进木板做成的。外面苫上毡子，里面挂上布面。后面封闭，前面吊个毡帘，毡帘紧贴篷子的边缘，把篷子盖得严严实实。毡帘边缘

这辆车，蒙上毡子就成了篷车

和篷子的毡边，都用毛绳锁起来。缀上纽扣式的东西，可以把毡帘和篷子紧紧扣在一起。纽扣也是用毛绳做的，挽扣子的那一截钉在帘子上，做扣袢的那一截钉在篷子上。它的扣子不是一般的扣子，而是别棍，跟马绊的结构一样。有的地方，别棍是用山羊角做的，上面穿孔，把毛绳纫到孔里拴住，这样更不容易滑脱。

篷车是指挥车，赶车的女主人就坐在这辆车上。别的车都一辆挨一辆跟在它的后面。篷车上的牛也叫头牛，最老实听话，脑袋灵活容易指挥。它的牛缰比别的牛缰长，颜色也特别。赶车人坐在车上，甩动牛缰就可以指挥头牛左转右转。其余的车，牛缰长短一致，颜色也一样，可以换着使用。平时不用的时候，牛缰都放在车里，颜色不同便于辨认。

篷车又是生活车，搬家时可以在里面生活，因而可以理解为流动的家。不会骑马的小娃娃，年迈体衰的老者，都可以安顿在里面。风和日丽的日子，把帘子撩起来。刮风下雨或者气温骤降，把帘子放下来扣上，里面还是一个温馨的家。

箱子车

箱子车至少有两辆，前面的放衣服，后面的放肉和粮食。如果有三辆，最前面的就变成了佛爷车，里面放佛龛、佛像、经卷和其他一些贵重的东西。箱子车的箱子采用工字卯结构，非常结实。箱盖采用马脊梁形，上面要裹上毡子，封闭严密。盖上的毡子拉出去一截，紧紧地压着下面的毡子，用别棍和扣袢牢牢别住。下雨水漏不进来，刮风沙子钻不进去。因为平时箱子车都露天放置，所以必须采取这种做法。

现代铁皮箱子车，拉运起来更方便

柴薪车

柴薪车四面用木板围起来，看上去像个大木槽子。但它是活的，由四条毛绳把四块板子捆在一起。捆得也相当有技术，每个角上一条毛绳，先捆住下面，再拉上来把上面捆住。从一面卸车时解两条毛绳，从两面卸车时，可以把四条毛绳全解下来。柴薪车主要是拉牛粪的，装满一槽子牛粪以后，路上可以烧两天。这主要是为了防止下雨准备的。如果天好，周围又有干牛粪或柴火，一般不烧车上的牛粪。柴薪车的上面，还可

柴薪车

以放点粗笨的东西。

拉水车

拉水车是专门用来拉水的车，就是普通的车上装进一个大木桶做成的。走沙漠过戈壁尤其必备。这种大木桶，就着车底板的大小，做成一种长扁圆形。能装十几桶水，因此非常沉重，于是便在辕条上横加了两根枕木。

拉水车

闲物车

闲物车，这辆车上放暂时不用的东西，比如：夏天放冬衣，冬天放夏衣。

蒙古包三辆车

蒙古包三辆车主要是装蒙古包用的，平时放置时，一辆辕条朝后停在蒙古包后，这是装载套脑用的。其余两辆停在包西，这是装载哈纳、围毡和家里的东西用的。用勒勒车搬家的时候，蒙古包三辆车要走在最后面。

拆蒙古包有固定的程序。先扒蒙古包地面铺的褥子垫子，从北面开始，一件一件扒下，折起来，拿出去，把土掸掉（绿草或白雪就是最好的清洁器。到了新盘以后，不能再打上面的土，这是一种禁忌），折成四折，铺在车上，上面放上箱箱柜柜、铺铺盖盖、袍袍褂褂等，用帘子或围毡包好。再上面还要放碗架（折叠式碗架，搬运更方便），碗架要面儿朝上，腿朝外。碓子、杵、案板等填进碗架里头，用绳子从前往后捆两圈，揪紧。蒙古包内的东西都装到那两辆车上。先把包里的东西装好以后，地面就干净了。这样再拆卸别的东西，即使掉下一些土来，或失手掉下一根乌尼杆子，也打不着东西了。把苫毡全部卸下来以后，围毡要根据车底板的大小折叠起来，放到车的上面。围毡上面，先装载东南那扇哈纳，哈纳的头部要冲着车尾。腹部（也就是向火撑子的那面）朝下扣。两扇哈纳中间，要衬一块围毡。哈纳全装完以后，西南那扇哈纳应该在最上面。这样将来搭盖蒙古包的时候方便，哈纳上面还要放围毡，所以载放木门很合适。门楣朝后，上面再放毡门。也有的先把围毡铺开，用它把哈纳头部包起来，这是怕后面的车辕条顶上来，把哈纳头戳破。

套脑最后装在拉套脑的车上。把顶棚三折子叠回来以后，再把底边折回一半，然后一前一后错开放在车上，不大不小正合适。里顶棚也依样画葫芦放到车上，上面再装上套脑。装串连式套脑的时候，把乌尼分四份，用专门的绳索把它们捆起来。一人把辕条举起，让车尾着地，另两人从乌尼腿上抬着套脑，举到车尾部，那面一压辕条，套脑就顺势溜到车上去了。套脑的前面与顶棚的下面对齐。口朝上，把幪毡或者里顶棚卷成卷儿塞进去打开，套脑里面就会出现更大的空间，能放很多东西，如锅、火撑、奶桶、水壶等。

捆套脑的时候，先把双股皮绳搭到分成四份的乌尼上面，在辕条后面绕一圈从两面抽紧，再从两根乌尼中间穿进去，从前面抽出来，从套脑的主梁两边向里压进去，挂在辕条上，拴在压着主梁的那段皮绳上。

套脑捆好以后，把禄马旗杆、套马杆之类，统统插到主梁上面，一般情况下，蒙古包的家具和外边的苫毡，有这三辆勒勒车就可以装得下。

在寒冷季节，羊圈的栅栏可以跟哈纳、围毡装在一辆车上。哈纳摞得太多，容易压得走形，因此一定要在两扇哈纳中间加围毡。如果有栅栏之类的东西，最好把它们套在水缸外面运输。冬天水缸里放冬储肉或者雪水，平时用处不大。

4　蒙古包的制作工具
——简陋的作坊和高超的手艺

旧石器时代到新石器时代的过渡时期,已经产生了畜牧业。一大批野生动物被驯养成了家畜,成为人们的衣食住行之源。人们学会了捻线、搓绳、擀毡子,反过来影响了住所的改进。特别是羊毛擀的毡子,成为蒙古包的主要覆盖物。《周礼·天官·掌皮》记载:"共其毳毛为毡,以待邦事。"说明毡子的应用很广,以至于出现了毡包、毡帐、旃帐、毡民(毡帐之民)等称呼。匈奴人食畜肉,衣畜皮,住毡帐,骑马弯弓,来往如风,成为秦汉时期我国北方的第一强族。青铜器和铁器的发明,各类制造蒙古包工具的出现,对蒙古包传统手工艺的形成和发展,起到了推波助澜的作用。到蒙古汗国时期,蒙古包的制造工艺已经相当发达,弹毛擀毡、搓毛捻线、花纹图案、木匠手艺、银匠手艺、铁匠手艺等各种技艺已经走向成熟。蒙古包的传统手工艺,在蒙古民族生活的全部技艺中,占有非常显著的地位。

制作蒙古包的材料与工艺

蒙古包的制作，单从材料来说，是毡子、毛绳、木头三位一体。蒙古包发展到现代以后，对材料的要求已经非常严格和细致。根据蒙古包各构件不同的性能和所要发挥的作用，选用不同的材料、不同的方法来制作。同样的材料，用在不同的部位，也有各不相同的要求。即使同一个部件，不同季节、上下、里外的要求也不尽相同。各种毛绳所需要的长宽、粗细、形状、材料都各不相同，需要量也不相同。卫拉特的蒙古包，除了压边的毛绳以外，共用33根绳索和带子。游牧民族，对牲畜各部分毛、绒、皮革性能的了解和其在蒙古包上的使用，已经达到了炉火纯青的地步。

制作蒙古包，除了成套的架木外，蒙古包从原料开始，包括弹毛擀毡子、裁剪缝纫、压边、搭盖，以及乌尼的更换、皮钉的修理等，几乎一半以上的工作，都由牧民自己来完成。尤其在裁剪、缝纫苫毡等方面，妇女都是一把好手。

制作蒙古包的毛料，必须经过处理，才能正式成为原料。自然生长的柳条和树木，虽然经过挑选，大体符合标准，却不能尽如人意。蒙古包曲线用得特别多，要把直的弄弯。有的地方还用直线，又得把弯的弄直。做外圈里圈的柳条、乌尼的下端、哈纳的中部，都必须弯成一定的弧度或半圆。大部分乌尼杆、直腿的哈纳，则必须把弯的圆木弄直。圆木做主梁、辅梁和辐衬虽然弯度大体合格，也必须经过处理，才能作为原料使用。蒙古包的毛料，必须提前一年准备，到第二年经过浸泡、熏蒸，才能变成适合要求的形状。这样最终做出来以后，才能不开裂不走形。

努尔玛与儿马木

努尔玛是制作蒙古包的民间作坊,样子有点像农村的火炕。一般要先挖一个地卜子灶火(即在地下挖一个灶火),再垒三四道炕洞,上面覆盖一到三寸厚的石板,成为一种简易石板炕,在另一头垒上烟囱。再把羊砖粪打碎,在石板炕上铺半尺到一尺厚,上面浇透水,在地卜子灶火上架起牛粪火,像烧炕那样,烧个一天工夫,直到羊砖粪上腾腾直冒热气,温度达到七八十度,就可以插入要加工的木头,又泡又熏,"桑拿"一番了。

如果熏制的木头较少,就不必铺这层羊砖粪,也不用烧那么长时间的火,而是把烟囱垒得粗一些,把木料直接插进去熏制就行了。平时牧民家里,如果不是做整个蒙古包的架木,而是修理或替换少量乌尼、哈纳的木条,或者矫正套马杆子,就直接把盐水烧开,浇在要加工的木头上,放在儿马木里弄弯就可以了。

儿马木是与努尔玛相配套的设施,有一根矫正毛料的专用木头。所谓儿马木,就是在一根粗大的木头上,挖一个凹槽,再用两根立木把它横架起来,呈"Π"形,像是一个机床。把要加工的木料,从努尔玛上拿出来,夹进这个凹槽里,一边旋转,一边用那个矫正的木头撬它,使它弯出满意的弧度。为此就必须有一个样板原件,比如:一个标准的哈纳条子,比照它的弯度,把要加工的木条在努尔玛里不停地熏一熏,再拿出来撬一撬,和原件比一比,如此反复再三,直到与样板木条完全一致为止。正宗的儿马木,一般用榆树、桦树或柞树的木头做成,长约一庹多,粗跟牛车的车轴差不多。如果没有这样的现成木头,也可以把旧的车轴拿来,在中间挖一个一虎口宽、三指深的槽儿,将就着使用。

努尔玛,利用火炕和羊粪加工木料

儿马木

在儿马木上矫正其他原料的那根木头,跟儿马木一样,也是用硬而光滑的木头做成。不过它比儿马木细得多,长约一庹多。在矫正架木的时候,架在人的身体旁边,借助身体摆动的力量,胯上用劲,挤压要加工的木头,做出来需要的形状。这种木头要跟儿马木相称,位置不高不低,以便制作人操作方便。

蒙古包的制作工具

因为套脑最复杂,所以制作套脑的工具,基本上也就是制作整个蒙古包的工具。而制作蒙古包的工具,差不多也就是木匠的所有工具。专门做蒙古包的木匠是有的,但大多数木匠在做蒙古包的同时,也做勒勒车、轿车、箱子、桌子、椅子等家具,所以他们用的工具也比较多。如锯子、锛子、斧子、凿子、刨子、钻子、杆尺、锥子、刀子、解锥(黄羊角)、烫孔扦子、墨斗子等。此外,还有粗磨石、细磨石、木锉、钢锉等,可以把坏了的工具修好,秃了的工具磨快。

5 蒙古包的制作方法

进入当代社会，蒙古包的制作，无论在材料和工艺上，都有了显著进步。机械化生产代替了原来的许多工序，制作蒙古包发展成为具有民族风格和时代特色的综合技艺，蒙古包成了游牧文化的一种标志性建筑。蒙古包比过去更完善、更漂亮、更舒适了。但是某些细小部件，还保留着传统工艺——不用一枚铁钉，一锹沙子，和泥水活儿是绝缘的。"钉子没有一道，麻绳没有一茎，石头沙子全不用，窗户开在当头顶。"这则谜语，形象地描绘了蒙古包的独特性。在世界上，除了蒙古包，不用泥水铁石的房屋恐怕还没有第二个，这是世界建筑史上的奇观，是蒙古民族对世界民居的一大贡献。

架木的制作

套脑的制作

"井"字式套脑 "井"字式套脑，一般用两种材料制作。隆起的部分用巴喇阿，下面的大圈用山杨。巴喇阿是当地的一种灌木，跟柳条差不多。用巴喇阿做隆起部分（"井"字形部分）的工序如下：

"井"字形部分吃力不太大，所以比较细。但是，六根或八根巴喇阿的长短、粗细要一样。把巴喇阿采伐回来以后，趁湿弯成需要的弧度，一根挨一根并在一起，里外用木橛固定，过上十几天到一个月，差不多彻底定型后，再拿出来刮去表皮，把里侧砍平，交叉以后用木钉固定。

当地山杨，性质跟榆木差不多，是做套脑圆圈的理想材料。一般要用活树，因为死树不能弯曲。套脑的眼儿是斜打的，插入乌尼以后，很像撑开的伞骨。乌尼一般是72根（也有71根或者74根的）。因为有这么多乌尼撑它，还有雨、雪、潮湿等因素，套脑的大圈吃力很重，为避免胶合的地方破裂，或者眼儿豁开，要用生驼皮或者生牛皮一圈一圈缠出来。这些皮条必须是湿的，刚宰杀的牲畜皮最好。如果皮子干了，必须泡到水里以后再用。最后用红土（当地一种天然原料，开水调和）上色。因为外面有毡子，一般不会掉色，所以不用油漆。木匠不负责缠皮条，缠皮条是买主的事。

串连式套脑 制作套脑的木头，用白桦、黑桦，也有的用榆木甚至檀木。选天然有弧形的（因为它的大小圆圈都是隆起的）、长在向阳坡的活树。因为生长在向阳坡的木料水分少，不容易变形和破裂，同时也象征着蒸蒸日上，生活美满。

主梁（东西梁，长短相当于套脑的直径，由两半对成） 根据毡包的大小，选用干的木头，破成长6～10拃，宽4～6指，厚3～4指的方条，凿出卯子或钻出孔来，然后从中间一锯两半，这就是主梁。在两个半圆拼对的地方，打出孔来，再一分为二，是为了将来往一块合套时不容易错位。

辅梁（南北半梁，长短相当于套脑的半径） 主梁（东西梁）是一分为二，或合二为一的，而辅梁（南北梁）从来就是单个的，它

串连式套脑卯榫直观图

的弧度与厚度跟主梁一样，长度与宽度跟主梁的一半相当或略细。辅梁两面的孔或卯子，同主梁是完全对应的。中间有双榫头，正好跟主梁的双卯眼合套在一起，从而变成一个整体。

里圈（两个弧形木条组成的半圆） 一头卯在主梁上（半方卯），一头卯在辅梁上（半方卯）。

辐衬 实际上是一种短梁，位置在主梁、辅梁的正中间，长度是辅梁的一半稍多。随主梁、辅梁的弧度自然弯曲。因其短小可爱，又叫"马驹"（达阿嘎）。

插闩 插闩是把东西梁的两块木头卯合在一起用的。选用质量好的硬木做成。有的套脑用两道，有的用四道。它实际上是一种钉头形的榫头，对称地从两边砸入梁上事先留好的卯眼里。

柳圈 套脑是一种方圆皆备的构件。方的部分都叫梁，圆的部分都叫圈。主梁、辅梁都是梁，辐衬实际上是一种小梁。圈大部分都是柳条做的，所以也叫柳圈。外面的柳圈（外圈）较大，里面的柳圈（里圈）较小。外圈即大柳圈要粗一些，里圈即小柳圈要细一些。它的长短以套脑的大小来决定。

柳圈用拇指粗的稠李或沙柳条弯曲制成。选用没有疤节，纹理细腻的好材料，把粗头与细头削得一样细，在热灰中烘干，在木床中挤压，在专门的工具中弯曲。弯曲的时候需要点技术。不能光从一面使劲，那样会把它压扁弄烂；不能用劲儿过猛，那样容易把它折断；要从几个方向同时挤压，恰到好处地用劲儿，弄出的柳圈质量好，疤痕也少。柳圈虽说用的是半圆，做的时候却必须弯成圆圈或八九成圆，这样才能顺利地插进孔眼。另外，还要比实际需要多出一二尺，这就是所谓"短铁匠，长木匠"。这样弄好以后，并不马上插到孔眼里去。而是从几面把它挤

克什克腾的串连式套脑（朝下的一面）

成圆圈，绷在那里；或者一开始就把它弯回来，转圈儿用钉子钉住，逼着它定型。等完全干透，材料完全定型，还要再修理一遍，弄得光滑圆溜，紧紧插到主梁、辅梁、辐衬的孔眼里。多出来的两头与梁锯平齐。为预防它再从孔眼里抽出来，还要从上面钉进一个沾上胶的小木镢。

有趣的是，这样做出来的串连式套脑，非常像个车轮。可是，一旦把匙形木片转一圈穿上以后，它就成了一个名副其实的套脑。

插孔式套脑 插孔式套脑的主体与构造，跟串连式套脑差不多，只不过把柳条换成了木头。蒙古国多用落叶松制作，我国多用桦木制作。它不仅整体隆起，外圈和里圈也是隆起的。它的里圈跟串连式套脑差不多，外圈有点像车辆的做法，但因为中间要插乌尼，所以要由上下两层木板组成，当中嵌进许多小方木块，隔出许多小方孔。朝天那面的木板，接缝一定要对在安有主辅梁和辐衬的地方，也就是要压在它们下面，这样看上去像是一个整体，风吹雨打也不会开缝。下面的木板由于不见风雨，刷过油漆以后看不见，所以缝子对在哪里都无所谓，木板数量也没有上面那么严格，但是一定要和上面木板的缝子错开。上下木板中间嵌进的小方木块，大小规格必须统一，互相之间的空隙也必须大小均匀，多用胶合的方法和上下木板粘在一起。套脑的大小不一样，每个空档之间插入的乌尼数也不一样。

用这种方法，量出套脑最高点到平面的距离（弦高），
确定坠绳悬挂的位置

哈纳的制作

哈纳不像套脑，样式不多，做法差别不大，都是两层柳条或木条叠合以后，在交叉的地方打眼儿穿钉做成的。只是哈纳条的曲直大不一样，新疆有的地方是直的，有的地方有不太大的弧度。内蒙古东部的哈纳，不少地方都是"S"形的：上面有点收缩，中间是个鼓肚，下面着地的地方略向外撇。哈纳的头、腿部分适当外撇，不仅看起来美观，承受压力以后比较坚韧，也是保持毡包坚固、稳定的一个条件。同时蒙上毡子以后不容易滑落。而且可以增强抵抗风沙的能力，雨雪也容易从上面滑掉。

哈纳的大小和套脑的大小、乌尼的多少存在着一种内在的联系，随着哈纳的增加，套脑就要增大，乌尼也会加长增多。

哈纳从 3～10 扇不等。3 扇哈纳的小包，主要用在搬迁途中和倒场的路上，能住五六人，到达目的地以后再搭大包。哈纳的头数悬殊也很大。多数蒙古包有 15～21 个头，也有 4～6 个头的。还有一个有趣的现象，牧区有的地方，哈纳头故意空出一两个，上面不搭乌尼杆。也就是说，套脑上的两个窟窿眼是空着的。这也有个说法，"好日子不会到头，只有更好，没有最好"，所以不能搭满。有的地方空出的两个哈纳头，一在东南，一在西南。东南的哈纳头上，悬挂放卷肯的布袋，从中可以提炼黄油。提炼过黄油以后，把剩下的奶渣子也装入布袋，把里面的水分控出来。西南空出来的哈纳头，可以挂马笼头、马嚼子或者狩猎的比鲁棒。

制作哈纳的木料因地制宜，最理想的材料是红柳。因为红柳轻而不折，钻钉眼不裂，受潮不走形。有的地方用端直的山杨，性能也不错。喀尔喀用落叶松破开的板材，用起来比较顺手，容易做到整齐划一，利于彩绘。

打眼儿 在排料的时候,把已经打出眼儿来的两根样板,排在两面边上。然后以它们的眼儿为标准,在料中间画出一条条的直线,这样就把眼儿的位置固定了。木匠根据画的线打眼儿,这样才能整齐划一。不过,并不是所有交叉的地方都要打眼儿,那样就会把哈纳框死,开合的幅度非常有限,也就发挥不了调节蒙古包高低胖瘦的作用。

打眼儿

锯料 哈纳用的是木条和柳条,做出来都是长方形扇片,所以每面的柳条长短不能一样。中间的长,用整料。两边的依次短下去,用截料。还有,两层排列的时候,里层柳条的粗头朝上,外层柳条的粗头朝下,这样哈纳头部和腿部的轻重协调,均衡分担上面的压力,毡包结实稳固。至于一共用多少根料,多少根完整的,多少根破开的,各地也不一样。另外,有个规律,凡是同一侧的哈纳条子,整的都放中间,截下的短的放一边,长的放另一边,沿对角线依次放置,长的补短的,正好把所有整的截的全部用上,一点儿也不浪费。

穿钉 喀尔喀的哈纳,纯粹是用板料做的。一般要把原料刨光、上漆、晾干以后,再穿皮钉。穿缀哈纳的皮钉,要先把生牛皮或生驼皮泡透、去毛,弄净皮板,削成筷头宽的皮条,以能紧紧地穿进柳条的眼儿里为好。穿皮钉必须有一把刀子,一个黄羊角(狍子角也可)。在皮条的一端留开一小段距离,用刀子切一个小口,把羊角伸进去撑大,把留下的那一小段穿进去,使劲揪紧,就出来一个小疙瘩。把它卡在哈纳的下面,另一端从哈纳上面揪出来,使劲揪紧,在紧贴哈纳的地方用刀子再开一个小口,再把羊角伸进去撑大,把长长的皮条穿进去，揪紧以后，又出来一个小疙瘩，从有疙瘩的地方割断，再穿第二个窟窿眼⋯⋯就这样用两个小疙瘩，把皮条卡在两片哈纳中间，这就是皮钉。后来发明的工具，把两件合在一起，一头是锥子，一头是月牙刀。泡皮条时，

用皮钉穿缀哈纳

用来穿纫的那头故意留一小节不泡软，以便顺利地从哈纳眼里穿出来。再戴上手套，用钳子帮助揪紧，速度就大大加快了。还有一种办法是用板锥。板锥是扁的，尖端有个窟窿眼，跟钉鞋匠绱鞋的那种工具差不多。把皮条从两条哈纳的钉眼里抽出来以后，用板锥从皮条的皮板那面扎过来，把纫头从板锥的窟窿眼里穿出来，再把板锥倒退着揪出来，这样就把长长的皮条带出来一部分，在板锥扎的那个窟窿眼里揪出个小疙瘩，从根部剪断，再开始穿第二个皮钉。

这样穿缀的皮钉，原来有毛的那面是冲外的，因此比较耐磨。皮钉干了以后，就把哈纳拽得硬邦邦的了。用了板锥，就不用每穿一次都把全部皮条揪出来，而是只揪出够用的一部分就行了。

哈纳的两排木条，内侧是平的，里扁外圆。这样两排木条钉在一起的时候，才能吻合得天衣无缝。同时与围毡的接触面积也会相对减少，防止雨水把毡子沤烂。还有一点，任何哈纳的钉眼都是圆的，即使皮钉钉得再紧，哈纳扇子也是可以自由伸缩的：拉开以后很长，缩回来以后就成了细窄条儿。新疆土尔扈特的一扇哈纳，拉开宽度有 3.1 米，合上以后就变成 0.5 米，伸缩幅度非常大。这一点非常重要，蒙古包能高能低、能胖能瘦，蒙古包的门做得高点低点都能凑合，秘密就

在这里。但是，任何东西都是有限度的，皮钉间的距离关系一经调节好以后，哈纳的大小、宽窄，在一定的范围之内就固定了，再不能随意调节。若频频调节，也不利于实际生活。

乌尼的制作

乌尼的构造简单，就是一根杆。一般有上端（连接套脑的部分）弯曲、下端（连接哈纳的部分）弯曲、通体端直三种形态。各地的乌尼长短悬殊，乌尼长的，蒙古包显得高耸一些；乌尼短的，蒙古包显得低扁一些。乌尼上端的弯度，虽然不是绝对固定的，但是毡包盖起来以后，乌尼应该与套脑结合得天衣无缝。乌尼的弯度如果太大，包顶就会显得过圆，蒙古包就不够稳定。乌尼太直了，包顶看起来就会太尖。

制作乌尼的时候，要选用无疤节、心儿（红柳中间的心）细、质地坚硬的山红柳，不用黄柳和质地很脆的沙柳。长短由蒙古包的大小来决定。一般在 2.2～2.5 米之间，小头的切面有小酒杯口那么大，中间的粗细正好一握，这样的材料做出来以后，不论什么样的毡包，粗细长短都能搭配。搭在门头上的六根乌尼，比其他乌尼短一些。

九成功与三不好　制作乌尼虽说简单，但是加工工序一道也不能少，一般要经过九道工序，才能出来一个成品，称为九成功。九成功是：一是刮去表皮；二是打掉枝杈；三是平整表面；四是水里浸泡；五是弄弯弄直；六是标出打眼儿的位置；七是打眼儿；八是穿绳环；九是上朱砂。乌尼上朱砂是因为蒙古族传统认为朱砂能避邪。选用木头，太粗的不好，容易空心。太干的不好，容易折断（太干的先不剥皮，放在水里浸泡，泡完以后再加工）。太湿的不好，容易走形。这叫三不好。

喀尔喀乌尼原料炮制的时候，要先在热水里泡透，中部以上弄得稍弯，下部笔直，上端一尺至一尺半的地方削成方形，留出几指的距离，才能打孔，这是为了与匙形木片穿在一起用的。落叶松的乌尼不用这么处理，只要把上端锯方，下端弄圆并打孔就行了。上部之所以要上方下圆，主要是为了防止乌尼插进去以后转动。乌尼头过长，容易把毡子扎穿；过短的话，容易从哈纳头上滑脱，包顶就会下陷，看上去很不雅观，下雨时也容易漏水。乌尼过细，容易变形，使顶棚前倾，刮风时容易掀动；乌尼过粗，毡包顶部的重量加大，容易把哈纳压得下坐，拆卸运载的时候也不方便。

乌尼的穿缀　乌尼的穿绳，是将乌尼与套脑上的匙形木片穿在一起用的，多半是把绵羊毛和马鬃马尾合在一起搓成的双股绳。这样搓成的毛绳不容易断，同时也不割木头。穿绳也可以用皮条，生牛皮或熟皮条都行，但生牛皮僵硬易折，一般还是尽量用熟皮为好。几种款式的串连式套脑，穿缀匙形木片的方法虽各有不同，但匙形木片的侧面都有一个较大的孔眼，相应的乌尼头上也都有一个侧孔，所以把它们穿缀起来的方法是一样的：用一条粗一点的牛皮长绳，先把一端挽成疙瘩（为了卡在一头），从第一个匙形木片的侧孔穿入，拉出来以后再从乌尼的侧孔里穿进去穿出来，再从第二个匙形木片的侧孔里穿进去穿出来，再穿第二根乌尼的侧孔……直到把所有的乌尼穿完。

穿乌尼的时候可以把套脑立起来，人站在两边穿。也可以把套脑放在地上，下面垫一块枕木，人站在上面穿。"井"字式套脑和插孔式套脑，乌尼上端是方的，套脑上的孔也是方的，直接插进去就行。

木门的制作

木门包括门框与双扇门（或单扇门）。门框就是一个四方架子，跟哈纳捆在一起。门框由门楣、门槛、门柽（门框两边的部分）和门头上拴乌尼的小桄子组成,能起到固定哈纳的作用。谜语:"两个躺的,两个站的,一个唱的。""两个躺的"是门楣、门槛,"两个站的"是一对门桄,"一个唱的"指门攒子。从前的门开关都用攒子(户枢),近年来有人也加了铁合页,这样比单纯用攒子能使门更严实一些。

搭建蒙古包的时候,哈纳的高低是跟门走的。把哈纳立起来展开,调节网眼大小,使哈纳的高度与门框的高度大体在一条线上。由于哈

巴尔虎双扇门(未完工)

纳高度的限制,蒙古包的门框一般都在1.3米到1.45米之间,比较低矮。只有新疆哈萨克族的门,可以达到1.6米以上。有的地方,有里外两层门,里面是双扇门,朝里开。外面是单扇门,朝外开。有的牧民还在门外接一个小小的木屋,用来缓和外面进来的冷气,同时它也是一个冷藏室,这在严寒的北国尤其需要。

木门用白桦、黑桦、松木、榆木、杨木等制作。它的大小高低,跟蒙古包的大小、哈纳立起来的高度有关系。蒙古各地的门,样式几乎没有区别,高低却甚为悬殊。卫拉特和哈萨克的门,宽可以达到0.9米,高可达1.6米,一般人进门不用弯腰。蒙古东部地区的门,宽窄和卫拉特的差不多,高度在1.3米~1.45米,有的才1.2米,人需弯腰出入。普通的木门分为单扇和双扇两种。单扇门门攒在西,由东向西开,由里向外开。双扇门门攒在东西两侧,由外向里开,也可以单独开启一扇。天冷的时候,外面还可以安风门或者吊毡门,里面一般

都是双扇门。

蒙古包苫毡的制作

幪毡、顶棚、围毡是苫毡的主体。苫毡的材料当然以毡为主，细分也有长毛、短毛、混合毛、绒毛的不同。这样的材料加上厚度的不同，擀出的毡子能适应不同季节和包内不同位置的需要。除此之外，气候较暖、人烟稠密、牲畜稀少的地方，冬天也用腈纶毡做苫毡。生活在河边和湿地的牧人，夏天也用芦苇和柳笆做苫毡。一般是芦苇做顶棚，柳笆做围毡。没有这种条件的，用编织布、苫布做覆盖物也行。蒙古杭盖地区生活的人家，牲畜不多，搬家次数也少，常用落叶松树皮做苫毡，做成树皮包居住。树皮包分两类，一类全用树皮苫盖，一类只有哈纳用树皮苫盖，乌尼用芦苇。这种树皮蒙古包，一能节省毡子；二是自重较大，风轻易撼动不了；三是搬家不太方便，正适合很少搬家的人家居住。这也是人和自然双向选择的结果。

裁剪苫毡的时候，一般要以原来的苫毡做样板，这样制作起来容易一些。

幪毡

以套脑的主梁（直径）为边长（实际做时两边要各放出一拃）裁出来的正方形毡子叫幪毡。幪毡的四个角上都缀着绳扣，绳扣里拴上三股长长的鬃毛绳或绒毛绳。为预防风把幪毡吹起来，要把它东、西、北的三个角留成锐角，在角上面拴上绳子，揪在围绳上捆牢。这些鬃毛绳和绒毛绳要结实，以搓的圆绳子为好。

毡子的问题是容易被拉长，四边起毛。解决这个问题有两种方法，一种是用正反搓出来的毛绳并起来压双边，一种是用驼毛线把四边缉出来，再在里面特别是角上，做一些吉祥结或者花纹图案。压边和缉纳的时候，一定要注意把毡边向下面裹进去，千万不要向上翘起来，因为这样扣在

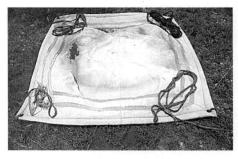
幪毡

套脑上才能变成圆的，与套脑紧贴在一起。否则，大风就会从幪毡缝里灌进来，把幪毡掀起来。

除了以上这些，幪毡还有全部用布挂面，四角纳出纹样的。还有用蓝布镶边、再用黑毛绳压边的。不过，如果要镶边的话，必须把顶饰、顶棚、围毡同时都镶边，这样才协调好看。

顶饰

鸟瞰蒙古包，就会发现一朵莲花罩包顶，这朵莲花就是顶饰。顶饰的莲花有八瓣，四个长的是凸瓣（因其形状较长又称为"腿"），四个短的是三角瓣。每个凸瓣上缀着两条短带子，每个三角瓣上缀着一条长带子，一共十二条带子，把蒙古包牢牢地捆在围绳上面。还有的不用带子，干脆把压边的毛绳和顶棚缝在一起。本来顶棚是阻止风揭了蒙古包的顶子，起保护作用的，后来却成了一种装饰和等级的象征。

顶饰有布做的，有毡子做的，有毡子做胎用布挂面的。全用蓝布挂面的，是官老爷用的；全用红布挂面的，是活佛用的。不过多数毡顶饰，都用黑毛绳压双边，再用毛线纳出图案，或者在角上做些纹样。它的装饰有云纹、莲花等图案，做工很美。远望着如莲花盛开，祥云

乍降。也有的不用毛绳压边，使用蓝布把边缘裹住，再用毛线"引"两道子的。总之顶饰是为了保护毡边的，同时又好看。

裁剪顶饰的时候，要以旧顶饰为样板。把领子与套脑的外圈对齐（跟顶棚的领口重合）。顶饰的四条腿不能顶住顶棚的边儿，应该离哈纳头有几拃或几指的距离。东面和西面的腿，要顺着套脑的主梁（东西梁）向下延伸。南面和北面的腿，要顺着套脑的辅梁（南北梁）向下延伸。这样看起来才方正均衡。顶饰做好以后，用它的上边把顶棚的上边压住，用毛绳把它们和乌尼头粗针大脚地缝在一起。顶饰的接口也在正东、正西。顶饰的底部（腿的齐头边儿），也用毛绳把它跟顶棚一起缝在乌尼的中部。

顶饰看着好看，做起来其实并不容易。它跟毡子要合拍，剪得对称很不容易，缝的地方又多，领子的松紧、腿子的长短粗细，稍不注意就容易出毛病。所以裁剪缝纫的时候要格外小心。

顶棚

如果说，辐射状搭架的乌尼是扇骨的话，顶棚就是贴在它外面的扇面。

制作顶棚有两种方法：用绳子量出套脑一道梁的半径，在其一端套进去一个钉子，以钉子为圆心，绳子为半径，在地上画一个圆圈，这就是顶棚的领口。把毡子拿过来，在领口外面铺一大圈，再找来一根乌尼杆子（必须是将来它覆盖的蒙古包上的），一头紧贴领口，一头慢慢转动画圆，这个大圆环画出的范围，就是蒙古包的顶棚。第二种方法，是先在地上铺好毡子，中间钉一个木橛子。用绳子量出套脑正中心到哈纳头（梁的一半加乌尼）的距离，以此为半径，以木橛子为圆心，画出来的半圆，就是顶棚的下摆。再以套脑正中心到套脑外圈棱的地方为半径，画出来的半圆就是顶棚的领口了。但是，这只是理论上的数字，实际上并不能把一个圆一剪两半来用。那样两片就搭不到一起，下雨刮风，雨水和尘土就会灌进来。如果风力太大，甚至会把顶棚掀翻。外层的顶棚，前片可以正好与套脑的主梁平齐，后片要超出去一拃（0.25～0.3米）。里层的顶棚，下摆要比外层的顶棚多放出半拃（0.12～0.15米）。因为乌尼脚与哈纳头相交的地方枝枝杈杈，需要包起来，变成一个曲线形的结构，这样就不会刺穿外层的顶棚，同时也能在外观上更加顺眼。量裁顶棚的时候，忌讳领口剪得过短，使乌尼头一排排露出来，或者剪得过长，从套脑上面搭了进去。

外层顶棚一定要锁边或沿条。锁边，也叫压条，就是把黑马鬃马尾（或者用马鬃马尾和羊毛混搓）正搓一根绳，反搓一根绳，再把这两根绳并在一起，用驼毛线缝在顶棚的毡边上。蒙古包的苫毡一般都这样处理。沿条，就是用蓝布条子在靠里的地方再镶一道边，同样起到保护和美化的作用。有的地方在锁边之外，下摆要镶四指宽、领口要镶三指宽的边，两片相交的中缝也要镶稍窄的边。有的人家在上面留出三分之一的地方，从此往下，一直到整个下摆，都要用蓝布沿出来。

围毡

蒙古包的围毡多数都有四块，大体都是长方形的。由于哈纳不是绝对垂直的，毡子又软，慢慢地就变成了梯形。哈萨克哈纳的肚子大，围毡几乎成了扇面，大小也甚为悬殊。一般的围毡，高不过人头，宽不到3米。特大的围毡（人称马围毡），高可达2.2米，长达9米。

做围毡有两种办法，一种是用一块一块的毡子接成，另一种是擀现成。使用后一种做法的比较多，这是因为围毡有不同于其他苫毡的一个特点，即跟它的形状方正有关系。擀现成的围毡，稍微长点没什么，稍微宽点也没什么。因为围毡的一个特点：领子就是要搭到乌尼上面。卫拉特围毡，几乎达到顶棚三分之一的地方，这些都成了里面蒙古包的衬毡，只是外面看不出来。如果稍微短点，可以揪长十几二十几厘米，太短了还可以再弥毡子。

裁剪围毡的时候，要把毡子披在哈纳上比量，高度一般比哈纳长出一拃。在长度方面，四块围毡的蒙古包可以这样量：西南的围毡从门框往西，对正套脑的主梁西（西横梁）就行了，这就是西南围毡的长度。东南的围毡从门框往东，对正套脑的主梁东（东横梁）就行了，这就是东南围毡的长度。西北的围毡，一头要放出主梁西（西横梁）一拃（或 0.2～0.25 米），另一头要放出辅梁北（北纵梁）一拃（或 0.2～0.25 米），因为草原多西北风，要用它把西南、东北两块围毡苫住。东北的围毡，从辅梁北（北纵梁）往东，对正主梁东（东横梁）以后，再放出一拃，把东南的围毡苫住。

围毡的跨度大，分量重，为了解决这个问题，就在围毡上面不远不近地穿了许多窟窿眼，纫进用骆驼的长毛和绒毛搓的细线，这样就像口袋扎口绳一样，可以把毡边缘变成褶子抽回来。因为哈纳是"S"形的，这样可以更好地使围毡贴近哈纳，不会顺哈纳外面滑下来，就像裤子加了一条裤带一样，这种工艺是别的苫毡所没有的。围毡两侧和不被压上的部分，都要镶边或压条。底边不用压条，也不镶边。围毡的两条腿（即围毡下面的两个角）上也要缀带子，这是一个特点。

毡门和门头毡

蒙古包过去的门，就是毡门，即实际上的毡门帘。普通的毡门长 5 尺，宽 3.2 尺，多是从大毡上画好以后剪下来的。长宽用门框的外棱来计量。在毡门两边靠上一点的地方，对称地钉上两块小碗口大的香牛皮，中间穿出窟窿眼，卯进一个金属或木头的环儿，在环儿里穿入皮条，抽到门头上，与哈纳头捆在一起。毡门上面的两个角上，也要钉上两条带子，从顶棚、衬毡中间穿进去，从里面掏出来，跟乌尼拴在一起。

毡门的最大特点，就是它的艺术性。单从刺绣工艺来看，所有苫毡中，最出彩的就是毡门。一个妇女要做成一个好毡门，需要花费一个月的工夫。挂在门头上的时候，毡门就真正成了女主人的"门脸"，显示着女主人

自制的毡门

的聪明才智。门上画面的布局有固定的模式，如分为上下两部分，上部窄而下部宽，但这不是绝对的。另外，每一部分分成几个板块和层次，每个板块和层次里要放什么图案，它们怎样变化，又怎样和谐统一，各家各户都不一样。一般都是在毡底上先用画粉描出图案，再用驼毛线沿着图案纳出来，也有用不同颜色的彩线纳的。还有的毡门，中间用堪布缎子蒙出来，边上画满玉玺或席篾纹，用驼毛线纳出来。虽然多是抽象图案，却非常灵动和富有生气。可以说是设计精心，做工精细。边上的处理也非常好，既要锁边压条，又要保持画面整体的统一。毡门少则两层，多则三四层，用上面的工艺做出来以后，一是美观，二是结实，三是厚重，风轻易刮不起来或吹不进去。

在常出入的门东边的中间，会钉一个马鬃马尾搓成的环儿，或者穿上绳套作为把手。在门头与顶棚之间的空隙处，为了遮挡风雨和美观，要堵上一块纳好的毡子，这块毡子蒙语叫作毡门头。毡门头顾名

思义，是用毡子做的门头，有一尺多宽，三尺多长，四角上缀着带子。它夹在顶棚前片里，蒙在门头上，上有倒山字垂花和其他纹样，四边装饰得很好。有的则用缎子、大绒、布料等把毡子包出来，再沿上边，或者再纳一些好看的花纹，这也是牧民着意美化的一个部分。

四 蒙古包的圆形文化

蒙古包文化是一种圆形文化,蒙古包的形制,在胚胎时期就是圆的。从一开始,无论是人的坐卧起居,还是物品的安排布置,都是围绕着圆来进行。后来的发展,只是更加充实和完善了这个圆,总体格局并没有大变。

这种格局的形成,主要受三种因素的影响。一是早先居住习惯的影响。比如住仙人柱的时候,女性坐在东面,男性坐在西面。他们用的东西,也分别放在各自的旁边。碗架放在东面，女人们早上起来熬茶方便一些。弓箭放在西面，男人自然使用顺手。就是因为男女分工的不同，只为生产生活的方便，并没有男尊女卑的因素。后来由于社会观念的改变，以右为尊，于是把这个地方让给了客人。第二个因素，是宗教信仰的影响。蒙古人很早以前信奉萨满教，把翁古德尊为守护神，供在蒙古包的西北面。后来藏传佛教兴起，这个位置让位于佛龛和供器，喇嘛也可以坐在这个地方。第三个因素，是自然气候的影响，如蒙古包门向南开，"毡帐望风举，穹庐向日开"，灰堆一般都在东南，这是因为草原多西北风的缘故。

现在看来，有些违反常规的习俗，依然能找到历史根据。比如：现在的酸马奶桶，一般都放在蒙古包的西南，而做酸马奶的工作，却要由妇女来操持，似乎与传统的男西女东有点不符。其实不然，就在七百六十多年以前，加宾尼还看到"在帐内男人的这一边，挂着另一个偶像，偶像身上有一个母马的乳房，是为挤马奶的男人们做的"。这说明至少在蒙元时代，挤马奶还是男人的事情。

1 蒙古包内的几个大圈

香火圈

蒙古包一搭起来，就要立灶。立灶的实际含义，就是在蒙古包搭盖起来以后，先不能摆东西，而要在蒙古包正中心的位置，把火撑子立起来。

决定火撑子的位置时，要让包顶上的坠绳自然下垂，它正对的地方，就是放火撑子的中心点。如果火撑子是三条腿的，则一条朝南，另两条分别朝东、西。如果是四条腿的，要让它们两两之间的连接线，南北的跟辅梁平行，东西的跟主梁平行。火撑子摆在中心点上以后，再放好火撑子框，框的各边要跟火撑子的距离相等，也就是要绝对居中。

立灶的重要性，恐怕与先民的原始记忆有关。火撑子当

哲布尊丹巴用过的火撑子

初产生的时候，就是生火的三块石头，而这三块石头的叫法，竟然跟火撑子完全是一个词——图勒嘎。蒙古人的火撑子不是简单的取火工具，也不是一般的灶火，还有香火、门户、家乡、发祥地等多种含义。先民搬家的时候，还要把支过火撑子的三块石头拿走一块，到新址上为新的香火奠基。火撑子是一个家庭的符号，火撑子那三条腿，西面的代表男主人，东面的代表女主人，南面的代表儿子媳妇。媳妇新上门的时候，必须向南面的火撑子腿叩头。过去有钱人家的牲畜达到万头时，就要做一个钢火撑刻一方"卍"字印章供奉起来。

火撑子的历史，和人类的历史一样古老，刚开始是三块石头，后来变成青铜，有三条腿，再后来变成生铁，有四条腿。清代出现了钢火撑，可汗们还有镀银的火撑。在形制上，也由一开始的两道箍、三条腿、八个钉，进化为三道箍、四条腿、十二个钉。有的大火撑，有六条腿，四个或五个圈。有圆形的，有方形的，还有折叠的。所谓折叠式火撑，也有四条腿，不过可以两两分开：火撑圈都弯成半圆形，两端都有小孔，把小孔互相对齐，用一根细铁棍穿进去，就可以把火撑支起来；从中把铁棍拿掉，火撑就变成两半，拉脚的人携带起来十分方便。还有的火撑，在半圈对接的地方，做成两个圆环，往地下支火撑的时候，把两个圆环上下对齐，从上面插进一个穿钉，就可以把火撑支起来。这种火撑，也是拉脚的人用的。为了防止把火撑的前后弄反，有的人家会在火撑西北的那条腿上，加一个环。

火撑子和锅灶安放的时候，要放得端正。如果稍偏一点，可以向西北倾斜，但绝不能向东南倾斜。故有"财主家的锅，向西北倾斜"的说法。这主要是怕福气冲门（东南）跑掉。往锅上放锅盖的时候，锅盖梁子要顺着套脑主梁，不能与之交叉。

粪斗也叫牛粪箱子，指放在家里装放牛粪和羊粪的木头箱子，放在火撑的东南方向，火钳和吹火管也放在它里面。蒙古人认为牛羊粪是干净的，禁止人们在附近大小便。粪斗里的牛羊粪什么时候都是满的，蒙古人把盛满酒的酒坛子称为颂，把盛满牛羊粪的粪斗也称为颂，可见牛羊粪在蒙古人心目中的地位。

火撑子的东北面，天冷时放酸奶缸，因为离火近了酸奶发酵得快。

铺垫圈

火撑子支好，火撑框放好以后，开始铺垫蒙古包最下面的那层东西。如果包里不摆家具，可以一直铺到包根。如果箱箱柜柜比较多，箱柜的下面就不铺东西。讲究的人家，挨地还要铺一些牛皮或者塑料布，以便防潮，上面再铺毡垫。木料多的地方，也可以铺一层木地板。

毡垫或者木地板铺完以后，大体轮廓呈现出一个倒写的"凹"字。下面那个豁口，正好是要留出的火撑子、火撑框、粪斗等的位置。这里之所以不铺毡子，一是因为在门口，会被人踩得不像样；二是因为做饭麻烦。倒"凹"形的铺法，一般有两种：一种是以火撑框北面的延长线为基准，把毡子分成四块，也就是用四块三角形的毡子对接起来，不过三角形靠近哈纳的边都是弧形的，靠近火撑框的边才是直的。还有一种，是把这四块再变成八块，每块由一个三角和一个大体上的矩形组成，称之为"毡包八垫"。这种毡垫是很讲究的，在毡子上用驼毛线纳出各种图案，再用马尾绳压出边来。

这种毡垫，客人来了以后铺在蒙古包的北面

铺毡垫时先从北面开始，全部铺好以后，在火撑框的北面，留一个放碗桌的位置，靠北再铺一条（两层）雪白的大毡，东西向放置。白毡上面也要用驼毛沿出或纳出好看的花纹图案。这样的白毡蒙古语叫作面毡，意思是脸面上的毡子。在白毡的上面，还要铺上成对的栽绒坐垫，或者细长条的马褥子——这种垫子都是布面絮毛的，上面绣着精美的图案。在火撑框的西面，也要如法炮制，铺上好看的面毡，不过面毡是南北向的。火撑框的东面，有时候也要这样做。客人登门，根据尊卑男女，把碗桌放好，摆上奶食、饼子之类，用奶茶招待客人。客人一走，碗桌就收拾起来了。

铺毡垫需看正反。平时正反面不看也可以，新盘上搭包的人家，一定要正面迎上。如果已经铺反，客人登门时来不及翻过来，可以只把他坐的那一片翻过来。官员或贵客登门，一定要在正面铺毡垫，有条件的人家铺栽绒坐垫。栽绒坐垫上的毛有顺有逆，顺毛的一面要朝向火撑子，否则就是对客人不敬。

这种毡垫和刺绣棉垫，客人来了以后铺在蒙古包的西面

家具圈

家具的摆放，一般以正北为中心，往西的西北、西、西南半边，

都是男人的天下。相反，往东的东北、东、东南半边，都是女人的天下。蒙古国有个方位图，用十二生肖代表四面八方，东、西、南、北用八个生肖代表，东南、东北、西南、西北用四个生肖代表，正好在包内转一大圈。

包内方位	十二生肖名	包内生肖	包内位置	起源与讲究
1 2 南	蛇 马	马位	门口	游牧氏族下马进家
3 4 西	猴 鸡	鸡位	男人座位	男人威严，希望所在
5 6 北	猪 鼠	鼠位	正面	白颔鼠，富裕聪明本领高
7 8 东	虎 兔	兔位	女人座位	古代女人像兔子似的，胆小、生性善良、稳重、易受惊
9 西南	羊		羊羔位置	游牧氏族曾把羊羔拴在这里靠边的地方
10 西北	狗		猎具位置	男人的运气体现在狩猎上
11 东北	牛		女人针线位置	女人的运气体现在针线奶食上
12 东南	龙		锅、水之地	游牧人在这里放水桶碗锅

北面：被桌之位

正北靠包放着被桌，上面叠放这家主人、主妇的行李被褥。儿子成家时，一定要做一张这种被桌。为了跟这种被桌般配，桌上还要铺几层专门制作的栽绒毯子，上绣三种样子的滚边花纹，两头分别横放一个枕头，中间叠放着新郎新娘的衣服被褥。新郎的枕头放在被桌的头部（西面），新娘的枕头放在被桌的尾部（东面）。枕头的刺绣顶子向着香火，枕头里面有木头支撑，外面有蟒缎蒙皮、库锦装饰，四角用银子镶嵌。新郎新娘的枕头里面，装着成对的蒙古袍。

被桌上放衣服的时候，袍子领口要朝着西面的佛爷，袍子的大襟朝上。女人的衣服放在下层，男人的衣服放在二层，孩子的衣服放在最上层。蒙古族叠垛衣服有个规矩，领口要朝向佛爷。佛爷如放在北面，领口朝北；如放在西面，领口朝西。衣服领口不能朝门，因为死人的衣服是这样收拾的。

也有的人家，在被桌上放一对板箱，大小与彩绘完全相同。里面放的东西却不一样。一个叫枕头箱子，里面放这家女人的衣袍、首饰、绸缎和手头用品。另一个叫财产箱子，放一些贵重东西和其他物品。箱子是家里的主要摆设，底色一般是咖啡色或黄色的，用各种图案的花卉彩绘出来。

每个箱子的两个角上，都有两个斜孔，可以把皮绳穿进去，驮在

内蒙古博物院保存的这对箱子，上面有金银螺钿镶嵌的文武官吏图像

骆驼身上，具有浓厚的游牧生活的特点。

西北：神位

西北是神位，黄教盛行以前摆偶像，黄教盛行以后是佛位。西北位置摆放供桌，供桌桌面呈长方形，外缘饰有"檐"的造型，靠里放经文。正面分上、下两层，上层里面放灯油壶、香烛等。下层留有向外开的盖板，里面放供器。供桌上面是佛龛。佛龛前面摆的有佛家七供、招福口袋、招福箭、招福碗（瓶）、佛灯、圣水、圣水瓶、供盘（食品饮品的德额吉），等等。这些东西有的是用镂花的铜和银器做的，一年四季摆在那里，前面还摆着一个袖珍长槽形的香炉。早晨喝茶的时候，还要献上一点茶饭，也有更隆重供奉的人家。佛龛里供着各种不同的佛像，但是平时佛龛不打开。到供佛或正月时，才把所有佛像请出来，用帘子装饰起来，上香献灯，奶食品、肉食品摆得全全的，在乌尼上

蒙古民间艺术大师沙克德尔苏荣雕刻的佛龛，采用推拉门结构，外面刻着十二生肖，里面刻着老寿星

扯起一条长长的练绳，上面悬挂很多哈达彩带。这些哈达，除原有的一条外，其余都是这家人或其族人过年时献的，所以越来越多。本来，黄教的佛像应供奉在正北方，因为蒙古族一直以西北为尊，古代的偶像一直供奉在西北，自黄教传到蒙古以后，牧民把佛爷也供奉在这里了。但是，喀尔喀的许多地方，佛爷仍然供奉在正北。

西面：男人用品之位

蒙古包的西半边，是男人用品摆放之地。蒙古族的英雄史诗和祝赞词中，打开西面箱子看到的东西，全是男人用的，里面不乏狩猎、征战之具。有的地方把古筝、笛子、马头琴也放在这里。西面一般放男人的床和箱柜等。套马杆上的套索也盘起来，夹在主梁西端北面的乌尼里。

马头琴

西南：马鞍具、酸奶缸之位

马鞍具一般有两种放法，一种是在哈纳头乌尼腿上拴条绳子，把马鞍具搭在上面。一种是有专门的马具架子，把马鞍具搭在架子的上面，使马前鞍鞯向南，像鞴在马身上那样放好。马鞍子还有第三种放法，就是就地放在酸马奶缸的北面，顺着墙根立起来，前鞍鞯朝上，骑座向着佛爷。还有的在哈纳头上挂着用狍角或"丫"形木头做的钩子，把马笼头、马嚼子、马绊、马鞭、马汗板等物挂在上面。马笼头带着

四　蒙古包的圆形文化 | 105

缰子，马嚼子带着扯手。挂时缰子、扯手就要盘好（这是为了用时方便），让原来戴在马鼻梁上的那一道横皮条对着香火。嚼子的口铁不能碰着门框。挂马绊的时候，要把马绊的扣扣上，从扣住的地方把马绊挂起，让马绊的扣环朝北。如果嚼子、笼头、马绊、马鞭和马鞍放在一起的话，嚼子笼头要挂在前鞍鞒上，重的那头（拴马笼头嚼子的一端）从马鞍左首垂下来，让马鼻梁上的那一截横皮条（嚼子笼头上都有）对着香火。马鞭也挂在前鞍鞒上，从马鞍右首垂下去。马绊要挂在右首捎绳的活扣上。有的地方忌讳马绊挂在左首捎绳上，因为人死以后就是这样出殡的。

西南面的门背后不放东西，再靠后可以放酸马奶缸之类。这也是奇事一桩，本来做酸马奶是妇女的活计，怎么放到了西边？原来在蒙古人的历史上，挤马奶、做酸马奶都是男人的活计，后来才慢慢变成了女人的营生。但是既然已经历久成俗，也就再没有搬到东面。只在春天接羔的时候，有时也把小羊羔圈在这个位置，其余三季还是放酸奶缸。

有的人家，把马鞍子放在外面。在原来放马鞍子的地方，摆一个四方箱子。把巴根取下来，丫头朝北搭在西面或南面的哈纳上，上面还可以搭衣服。

南面：门户之位

南面是门户，出入之道，不放其他东西。

东南：水缸锅架之位

包内东南方放的东西，比起其他地方来说，变化较为频繁。虽然按常例来说，东南靠火撑子的地方，放着牛粪箱子；靠毡壁的地方，放着水缸或者水桶;东门框的下面,放着狗食桶。但是母牛春天生下牛犊后,牧民要把牛犊拴在这里一两个月。夏秋增加了泥炉,要做奶皮子、酸奶子,这里又成了放酸奶缸、吊酸奶袋子的地方。东南靠近床头(即靠北),放一个四四方方的箱子,里面放新妇的用品,上面放镜子和针线盒之类的东西。再靠南放锅架,锅架像一张长方形的桌子,有四条腿,上大下小,中间有隔板可以放东西,上面和中间都有放锅的地方,还可以把勺子、锅刷、桶、奶豆腐模子等放在锅架上面或者中间的隔板上。新媳妇的锅架子装饰得非常漂亮,有的中间变成了抽屉,可以放碗筷、盘子、碟子之类。每个角上都有刻画的图案以及各种油漆彩绘。在锅架跟前的哈纳头上,有的还挂着盐袋子、碗袋子、香袋子等。锅架的前面放粪斗,里面放牛粪、羊粪、吹火管等。

吹火管和鼓风囊,是两件充满原始趣味的工具。这两种东西是结合在一起的,作用跟内蒙古西部农村的风箱差不多,不过它的构造简单,轻便,便于携带。鼓风囊在蒙古包里不常用,多半是冬天遭了雪灾,燃料受潮冒烟,火着不起来的时候使用。鼓风囊一般是用熟牛皮做的,像手风琴一样有许多折子,两面对称地固定在两块梨形(横断面)的木板上。一面的木板有一个四方小孔,孔里面安着一个"木舌头"。木板的两面都安有把手。梨形木板小头的那面,安着一个长长的吹火管,用螺丝与整个皮囊紧紧固定在一起。吹火的时候,老额吉两手拿着把手,把吹火管对准火撑上的牛粪,同时向外拉,风就把木舌头顶开,把气灌满皮囊。

吹火管和鼓风囊

两手同时往中间挤的时候，木舌头就被关上，气便从吹火管里跑出来，把牛粪火吹得熊熊燃烧起来。

酸奶缸形制高大，像一只大桶一样，也像桶一样有两个耳，上面用三四道箍捆着，有盖子，盖子中间有个洞，把捣奶的工具放进缸里，把柄儿从洞里伸出来，捣奶工具的一头，是"十"字形或者圆形的，里面有孔，妇女们拿着工具的另一头在上面捣奶，既不用把盖子揭开，也不用把工具抽出来，因此工具几乎不离奶缸。

碓子的历史十分悠久，用途也比较广泛，比如把肉捣碎，把食盐捣碎，把粮食脱皮，把炒熟的莜麦、高粱捣碎，把小麦、荞麦加工成面粉，把小麦去糠，等等。碓子的种类很多，从材料来分，有木头碓子、石头碓子、瓷碓子、铁碓子等；从操作方法来分，有脚碓子、手碓子等；医馆和寺庙还有捣桑（柏叶）的碓子、捣药的碓子。

加工粮食的碓子用桦木、榆木等硬木头做成。做它的圆木头，最小的也有三拃粗、一尺多长。碓子的口宽约二寸，底子厚三寸，深有一尺左右。手握的那头相对细一些，另一头粗一些，长短应与碓子相称，把粗木头锯下一尺长短的一截，安在杵子的头上，以便增加重量，加快捶打速度。

东面：碗架之位

毡包的东毡壁底下，是放碗架的地方。碗架为长方体，分上中下三层。下层有柜门，里面放吃喝。中上层敞开，瓢盆碗筷收拾在里面。最上面放奶桶。

碗架放置都有规矩：肉食、奶食、水等不混放，尤其是奶食与肉食不能放在一起。因为奶里混进荤腥容易发霉，不利于做酸奶、酸马奶。此外，也与蒙古人崇尚白色，不希望有别的颜色污染它有关。奶桶、砖茶要放在上面，水桶放在地下或碗架的南头。蒙古人重奶轻水，祭天洒奶而不洒水，所以奶放得高而水放得低。另外，奶桶也可以用作招福的香斗，所以宝贵。碗盘中最尊贵的是德布希（一种长圆形的木盘，大小规格有许多种），放在东面最尊贵的上首（即靠北）。勺子、铲子、笊篱之类的东西不能扣着，柄儿向着香火口朝上放置。如果要挂起来的话，必须面朝着香火。勺子是婆母交给新媳妇的权柄，一定要放在高一点的地方。碓子、斧子放在碗架的下层，不能让人跨越，或被袍子下摆扫住。这两样东西都是捣茶用的，给新郎准备新包时，别的可以暂时或缺，碓子、斧子却不能少。民间俗语"碓子斧子在一起，结为夫妻不分离"。碗架下面，放一些日常用的面口袋。

有的地方为了适应游牧，碗架做成了活的，可以折叠成几块板拿走。

在新疆的蚤劳牟里，碗架简化为一个袋子，就像过去乡村邮递员用的那种信封袋子，有三四层，不过刺绣得非常漂亮，里面筷子、铁匙全有。也可以反过来说，简易毡包里的袋子，在蒙古包里变成碗架。

木头碗盏在蒙古草原是非常古老的餐具。一首古代的歌谣，曾经唱道："一碓子的糠，深底子的大碗。"说明碓子、糠、木碗是连在一起的。从古代到近代，蒙古人出门经常怀揣一只碗。有话曾说"没有碗就没有饭"，这不是指哪家人家说的，而是针对出门的人带不带碗说的。像样的人家，出门都带用银子镶出来的木碗（即银碗），有漂亮的碗套，揣在蒙古袍里，或者披在腰带上。

口袋在牧区有多种形制，有毛织、牛皮、白布和红筒数种。大的能装四五百斤炒米，小的只装十多斤炒米。红筒是把牛犊皮从尾巴开始，整剥下来，然后再整张熟出来，有毛的那面朝外，屁股做成口子，头部做成底子，底子尽脖子大小做成圆的。两只前腿整剥下来，留出三四指长，然后窝回来缝住。在它里面放上炒米，永远酥脆香甜，不会返潮难咬。

后来有床以后，东面成了放床的位置，碗架移向东南。床一般1.6～1.8米宽，像个大板凳，用30块板子并成。讲究一点的两侧和床头有彩绘图案，有的还安有抽屉。

东北：女人用品之位

紧靠被桌的东北方，是放女人箱子的地方。对称的一对箱子，是女方的陪嫁，里面有女子的四季衣服、首饰、化妆品和针线用具。

小知识◎登努尔

登努尔，一种类似汉族叫作架杆的东西。其做法是：用铁管或者柳条做一个半圆，两端搭在哈纳的网眼上，中间拴一条毛绳吊在乌尼上；半圆上面铺上芦苇帘子，就成了一

放奶豆腐的登努尔

个搁板似的东西。有的地方包内西南、西北、东北、东南各有一个。东南放与炊火有关的东西，东北放女人的东西，西北放供佛用品，西南放奶豆腐。这跟平时包内的布局和座次有关。这种架杆，于游牧生活而言非常方便。

2　蒙古包外的大圈

蒙古包外面的布局，基本上也是一个大圈。但是比较散漫，不在一个圆圈上。有时甚至离得很远，有的牛栏和羊盘，距住房有一二里远。散漫之外，就是十分干净。大人孩子绝对不能在牛栏、羊盘跟前小便，八十岁的老人在三九天寒夜也得外出小解，家里没有放溺器的习惯。还有就是主敞不主幽，一览无余，与大自然融为一体，不像农民有院墙阻挡。蒙古包的透明度极大，外面的布局不像包内那么严格，往往随地形转移，而且各地的差别相对较大。

正南

蒙古包的正南，夏天一般拴牛犊，牛犊拴在练绳上，离蒙古包比较近，因为这些小家伙需要不时照看，拴在门前比较方便。大牛卧的地方，离牛犊练绳很远，避免互相干扰。牛犊很干净，就算刮一点风，也不会把牛粪和垃圾吹到包里。

西南

西南是柴薪车,也就是牛粪车。牛粪车必须从那一列勒勒车上分离开来,单独放在西南,跟别的车和蒙古包拉开相当一段距离。也有的人家在这里安排柴垛、粪垛,再远一点是拴马桩。

牛粪垛

西面

西面靠着包根竖起玛尼杆(鄂尔多斯是竖在正南门外),把套马杆插在围绳上。再远一点是勒勒车,一辆连一辆,最前面是篷车,而后是箱子车,再后面是蒙古包三辆车。最前面的篷车,不能超过套脑的主梁,整体上呈南北一线,与套

勒勒车

脑的辅梁平行。如果是空车,要把辕条斜插在篷车的辕条屁股后面,让篷车的辕条搭在上面。夏天练马挤奶,或者吊控赛马,需要拉起练绳的时候,要在一长列勒勒车的西面张罗。

北面

蒙古包北面,放巴根和多余的套马杆原木,稍头朝北。再往远是牛粪垛和柴垛。

东北

东北放不用的锅。

东面

东面是羊圈。热天可以不要羊圈,就让它们卧在东面。因为怕羊粪和尿臊味吹进蒙古包,不让它们卧在上风头。另外小畜不耐冻,起风以后容易"上垛"(互相争着趴到对方身体上取暖),而把幼畜压死。这都是不安排在西面的原因。羊群的东面,是守夜人住的羊房子。

东南

东南是水车,离蒙古包近一些。水车和牛粪车不能放在一起,水火不相容,也不能把牛粪和水同时拉回来,放在蒙古包外面。

灰倒在东南远一些的地方,忌讳随地乱倒。

小知识◎组织浩特的方式

下盘,也就是在夏秋牧场上组织村落,蒙古语叫建立浩特。这又是一个圆圈,蒙古语也叫古列延,实际上就是现在说的库仑或库伦。

古列延

◎古列延

古列延,也是一种古代的遗存。古列延是一种小集中的形式:一般只有三五家,平时关系不错,或属亲戚本家,聚在一个地方下盘,一般不采取一字排列或者前后错落的形式。而是人畜车辆各构成两个半圆,然后圈回来。搭包讲究长幼尊卑,长辈或者为主的人家在西北或正北。

为首者如在西北搭包,其他人家从左翼展开弧形排列;如在正北搭包,其他人家从左右两翼展开弧形排练。搭时套脑的主梁要错开,晚辈的主梁要靠南(蒙古族以北为上)一些,不可靠上或平行排列。车辆一般部署在东北和东面,东南、正南、西南安排牛练绳（即牛盘），也围成一个弧形，这样就合成一个古列延。羊群安排在中间，离包最近的是牛犊练绳，也有羊羔的羔棚。这种布局主要是为了管理方便，保护牲畜不受侵害。灰倒在东南。蒙古的风大，且多西北风。这样的布局，包里人闻不到羊膻粪味，灰尘不会落进包里。又对防火、清洁和人畜健康有好处。如果前后下盘，就没有这种好处。

不过，如果两户人家在一起居住，是无法围成古列延的，长者毡包的西面摆放勒勒车，年轻人家在东面搭包，勒勒车要列在东面。羊群安排在两户人家的中间，守夜人的羊房子安排在羊群南面。一般父子俩在一起居住，多采取这种形式。

过去在土匪、强盗出没的地方走阿音——长途运输，路上下盘的时候，包已经变成车（指上面说的篷车），要把牛车围成一个圆圈，互相连在一起。一般的连法，就是把许多车围成一圈，把一辆车的辕条插进另一辆车的屁股底下。特殊的连法，是把所有的车围成一圈，辕条一律朝外，车轴和轱辘头互相咬住。只留一个口子。走阿音的人们睡觉的时候，

冬营盘上的牧家浩特，老大在最西面

都要把牛赶进这个圈子里头，拴在各自车屁股后面的辕条上。有些贵重的东西，也要拿进这个圈子里头。末了用最后一辆车把这个口子堵上。让一个最有力气、睡觉最轻的人睡在这辆车上。其他走阿音的人，都睡在各自第一辆车的篷子里面。为了防止突发事件的产生，每个人都要把一面的车牙厢卸下来，放在跟前，把木匠用的斧头放在枕头下面睡觉。必要的时候，这些都成了武器。这是一种特殊的古列延，从中可以看出古代军队扎营的一些蛛丝马迹。

3　坐卧起居的大圈

坐卧做客，属于蒙古包内的第四个圆圈。蒙古族在这方面非常讲究，俗话说"不学书也要学坐"，做人就是"坐人"，坐卧做客，绝不仅仅是占个位子，它是一门大学问，包含的社会内容非常广泛，是民族文化素质和精神境界的体现。尽管蒙古牧民的文化程度不高，但他们从小就对孩子的家教非常重视，要求孩子坐有坐相，站有站相，如何对待父母和兄弟姐妹，如何接待客人，不断地言传身教，形成了一种深入骨髓的传统。文明礼貌、尊老爱幼、热情好客、慷慨大方，成了蒙古族的家教和公德、文化心理和传统。牧区的妇女接人待物，仪态端庄得体，让人觉得她们不是偏僻牧野的普通百姓，倒像是很有教养的大家闺秀。

蒙古人讲究席次座位，坐法也非常严格。来的客人不论是多大的官，也不论是多老的长者，进了蒙古包以后，先在西面靠下的地方，双膝跪坐，女主人把碗桌和奶食拿来以后，才改为单腿盘坐，把靠门的那条腿立起来（女客则正好相反）。如果主人招呼客人到正面去坐，客人才能到正面盘腿大坐，主人同时也把碗桌拿到客人的面前。

碗桌很小，是客人刚进家以后敬茶用的

盘腿大坐，现在好多人不习惯，过去却是官人、富人、老人、喇嘛的一种排场坐法，女人大概一生都没有这个权力。牧区的每一个成年女人，无论什么时候，都是一蹲一跪：这是女人为人妻以后的坐法。女人在客人和丈夫面前，多半儿采用这一坐姿，至今未改。

蒙古包的座位，大体说来，分为东、西、南、北、中五面：西边为上，东边为下，北面为上，门口为下。西北为最上，供佛，平时不让人坐。火撑为一家尊严所在，与天窗相对，习惯上把它视为毡包的中心、生命，一家的代表。除了尊重灶火以外，也尊重日月，所以门向南开。隋炀帝诗："毡帐望风举，穹庐向日开。"包里西面的空间敬天，东面的空间敬日。男人敬天，女人敬日。

很久以前，男人坐西面，女人坐东面。当时东面是尊位。古代蒙古人与别的种族一样，经历过母系氏族社会时期。那时的人们崇拜太阳，把太阳升起的方向看得很神圣。因此便把东方让给了占统治地位的女性。当社会发展到父系氏族社会时期，男人又说西面是天，有天才有日,又把西方当成尊位。这样虽然男女的座位没变,但尊卑关系实际上已颠倒过来。家中的男人们,按照辈分高低、岁数大小,在西面由上(北)向下(南)排座。东面的女人也如此类推。北面和南面又有特殊的划分:毡包的正北方唤作金地,为一家之主的座位(喀尔喀的男主人坐在正北偏东)。如果父亲年事已高,已经把家里的权利交给成家的儿子,可以把这里让给他坐,自己坐在西北面。如果父亲早逝,儿子不论大小,母亲也要让他坐在此地。所以,这也是家族权利的一种象征。举行婚礼新居落成时,让新郎在当头正面落座,新娘给他把茶端上来,摆上奶食。新郎在品尝妻子献上的茶、奶的同时,祝词家便吟唱道:"坐在宽敞毡包的首席上,创造诺彦(富人)似的基业,占据巴彦(官人)似的地位。"这是一种家族权力移交的预演。蒙古包的门口一般不坐人,只是有时人多,会让自家或浩特的孩子们暂时坐在那里。

客人在蒙古包里的座次,与家里人相同。男的坐在西面,女的坐在东面。岁数大的坐得靠北,岁数小的坐得靠南。大家都要单腿盘坐,把靠门的那条腿立起来,意思是不让坏东西进来。同时要用袍子盖住脚,不能让脚露出来。如果在喜庆宴会或因为某种原因,叔叔和舅舅对在一起,舅舅应坐在叔叔的上首。还有让外甥上坐的礼俗,想来可能是母系氏族社会的遗风。出嫁的姑娘回娘家的时候,母亲要让女儿在上首落座。因为姑娘已成人家的人,所以要当客人看待。普通客人和年轻人不能越过套脑主梁以北,长者却必须越过主梁以北就座。如果主人请客人上坐,则表示对客人的尊重,客人就可以上去坐到西北或正北。不过,一般很少有人坐到西北,因为那是佛爷的位置。灶火的上头也很少有人坐,因为要尊重这家的祖先、香火。女性来客要撩起袍子下摆,从东面绕过灶火坐到东北面。东面一般留给女主人烧火

这种大桌子，放在正北或西面，是招待客人酒饭用的

做饭用。小辈女客一般不能越过套脑的主梁以北。来客如是喇嘛，则要坐到西北佛桌前面。如是专门请来的喇嘛，须坐当头正面。男客不得越过辅梁北头以东，女客不得越过辅梁北头以西。客人进出，都不能横切辅梁而过，以示对主人门户的尊重。

婚礼上的座次与平时不同，举行婚礼的时候，如果在女方家，男方的客人一律坐在西面，女方的客人一律坐在东面。如果在男方家，女方的客人一律坐在西面，男方的客人一律坐在东面。双方主婚人坐于正中（在女方家，男方主婚人在西；在男方家，女方主婚人在西）。主婚人落座以后，双方的亲朋各按年龄、辈分依次落座。

4 在蒙古包里做客

文明进家，礼貌迎客

蒙古人到别人家做客的时候，很讲文明礼貌。无论去什么人家，趋近浩特的时候，一定要勒马慢行。如果打马飞跑而来，家里的人就会笑话他不懂礼貌。甚至看家狗也会不耐烦，跑上去把他赶走。尤其忌讳骑马冲进浩特，或者从两户人家中间骑马穿过。从南面去别人家的时候，男人要从西南绕到马桩跟前下马，女人要从东南绕到毡包东北下马。不能从门前骑马横穿，更不能从门前奔驰而过（春节例外）。1949年以前，谁要从王府门前驰马横过，就要被捉住用鞭子抽打，也是缘于这种风俗。

听到狗叫声，孩子们首先跑出来，看到有人来他们家，就会回去报告大人。如系贵客临门，全家人都要出迎。有时还要走出浩特迎接，特别年老的人可以在家等候。如果是经常交往的人，或附近的孩子来到门上，家里的人跑出来把狗看住，问好以后迎进家里就行了。如果外面来了人，家里的人不知道，客人就喊："看狗！"或者咳嗽一声给个信号。不能冒冒失失地闯入，或者敲人家的门，更不能从门头上向里面窥探。迎客的人自己要衣冠整洁。如果家人中间有年长者，客人要早些下马，牵着马往里走。如客人是长者，家人要在客人下马时迎上前来，把马牵过来，替他拴在马桩上。如果有褡裢，要帮客人解下来。如果客人很老，主人要亲自把他扶下马来。即使来人是他的平辈弟妹，也要上去为他（她）牵马。家里的人要是打猎、参战、拉脚出去多时，亲人们要迎出浩特，问道："一路走得顺利吗？"来人一下马，就要请到火上烤过（除邪的意思），而后高高兴兴地领回家里。

客人不能在马桩跟前小便，主人不能在迎接客人的时候小便。

客人在马桩旁下马以后，一边向蒙古包走，一边向主人问好，端庄稳重地径直走向毡包。老年人更要清清嗓子，从容而有风度地走入包中。如果带着褡裢，应该把它拿在左手上。如果同来的客人较多，年轻人要等齐老年人，让老年人走在前面，自己跟在后面。如果并排走路，为小的要走在为大的右边（东面）。如系垂垂老者，同来的客人或主人要用右手从左边搀扶着他，孩子们要带在右边行路。进门的时候，不能叽叽喳喳说话，或嘻嘻哈哈大笑，态度应端庄严肃，切忌背着手或吹着口哨行走。这种做法既不尊重别人，也不尊重主人，会被认为是骄傲自满、轻浮放荡的举动。

客人来的时候，主人不能拿着空家具向来人走去。如果出去倒灰或倒水，正好客人来了，就要闪到毡包后面，或者放到门背后，等客人进来坐好以后，再拿出去倒掉。客人进家的时候，要做到四个三。三不跨过：客人不能从鞭子、练绳、套马杆上跨过。三不进家：客人的马鞭、马绊、武器不能带进家里。古人诗："家堂有禁君须记，下马投鞭好入房。"如果把枪放在外面怕出事，就要征得主人同意，枪口冲外、枪托子迎里拿进包里。三整理：帽子戴正，纽扣扣好，腰带扎紧。

不论什么人,免冠或赤头进家皆被视为大不敬。如果冬天系着帽带走来,要把帽带解开。在正月或婚宴上,可以不把帽耳朵放下来。只有送葬的人回来以后,进家之前,才能摘帽子。活佛的舍利子入葬的时候,要脱帽,这是因为黄教的某些做法与世俗相反。三垂下:袍襟垂下,不要掖在腰带上;蒙古刀垂下来,不要别在腰里;马蹄袖垂下来,不要贴在袖口上。

如果没人出来迎接,客人一定要看看蒙古包周围。如果包西挂出小弓,就是生了男孩。包东挂出一朵花,就是生了女孩。如果天窗关闭,就是有人去世,千万不要进去。如果挂出红布条,说明里面有产妇或病人,不能进去。

蒙古包的木门,白天敞开着,出入的时候只撩毡门。毡门不仅可以从东西出入,还可以向上卷起放在门头上。贵客、老人来的时候,主人用右手掀毡门的东面(木门更必须如此)。如果掀毡门的西面,就是逐客的意思,所以忌讳从西面开门。客人进门的时候,也要从东面开门,从门槛的东面进入,但不能踏住门槛。客人如系白发长者,用右手的指头肚儿,轻触一下门头里侧,表示对主人的祝福。来客如系政府官员,可以从门槛正中跨步而入,其余任何人不得如此。家里人向外张望的时候,也要撩毡门的东边,这可能与北方多西北风有关。

客人进家要分先后和长幼,一定要年长的先进。主人先走到门口,把毡门从东边撩起,右手掌向上摊开,左手掌向上靠近心的部位,腰一躬说一声:"请您光临!"让客人进包。主人如果比客人年长,客人要谦让一番,不过让来让去,还是客人先进。客人中如有王公贵族和官宦之人,即便年纪尚小,也要让其先进。客人中长者进家以后,其他客人要按辈分、年龄依次而入。客人进家,先迈右腿跨门槛。如果先迈左腿,就表示来讨债和打官司。客人如果在门外忘了问好,应进了家以后再问。不要一脚在外、一脚在里的时候问好。

献哈达、交换鼻烟壶

　　进家以后，一般还有敬献哈达、交换鼻烟壶的礼节。哈达有两种用法，一种是给主人送礼的时候，哈达作为德额吉奉送。没有哈达的礼品，就是一般的物品。附带哈达以后，就包含了主人的心意。一种是客人把哈达敬献给主人，或者互相交换哈达。平常到牧民家做客，不需要献哈达。如果对方过节或者有喜庆之事，则必须献哈达。献哈达的时候，哈达的折口要朝着接受者。如果拜见白发长者或德高望重的地方士绅，献者要先把哈达拿出来，把哈达卡在大拇指上，架在两个手掌上面，双手捧着搭在对方的双手上面。接受者可以把哈达折叠回来，也可以就那么拿着接见。还有一种是互换哈达，方法与第一种有些区别，把哈达的一端缠在右手的无名指上，从里向外顺时针绕两圈，再从小指上面搭过来，让它垂挂下来，也不用放在对方的手上，就那么下垂着与对方相见。对方看见他走近来，也赶紧拿出哈达，开始往手指上缠绕，以示互相尊重，这是蒙古国的做法。鄂尔多斯的互换哈达,有些不同：他们是把自己的哈达,折口朝外放到对方的手掌上，对方也同时把哈达放在自己的手上，然后俩人同时抖动一下，把哈达的折口转向对方，再给对方把哈达献上去，如此这般，末了还是自己把自己的哈达拿了回来。

　　交换鼻烟壶，不像献哈达那么隆重，但却比交换哈达普遍。一般到蒙古人家做客，上岁数的人都会拿出鼻烟壶跟你交换。交换鼻烟壶的礼节，有繁简两种。过去交换鼻烟壶，主人要先把盖子拧开，用右手递给客人，客人用左手接过，右手用小勺挖出一点点鼻烟，放在左手大拇指指甲盖上，凑近鼻子吸掉，把盖子盖好，用右手递给主人；主人用左手接过，放在鼻烟壶袋里。这是繁的那种。简单的那种是，主人递的时候，不用拧开盖子，就那样递给客人；客人接过，略作把玩，也不打开，拿在手里很恭敬地闻一闻，再恭敬地递给主人。在鄂尔多斯，客人拿住鼻烟壶以后，放在右手上，在手心里顺时针转一圈以后，再递到主人左手里。如果是长辈和晚辈交换鼻烟壶，长辈接受的时候只微微欠身，晚辈递鼻烟壶的时候就需跪下左腿，双手将鼻烟壶举过鼻端，敬给长辈。如果客人没有鼻烟壶，也要把对方的鼻烟壶接过来，略作把玩，或者送到鼻子上嗅一嗅，再恭恭敬敬还给对方。蒙古人在拜年、赴宴的时候，男女都必须带鼻烟壶，进行一对一的交换。所以蒙古人出门，必须携带鼻烟壶口袋，也叫褡裢。一端放鼻烟壶，另一端放哈达，夹在腰带的左侧。这鼻烟壶的功能，与哈达差不多。

蒙古族不少地方，主人还有向客人敬烟的习惯，一般以旱烟为多。主人让客人抽旱烟的时候，客人不能当面说不，不管怎样先顺势接过来，把烟嘴在脸上贴一下，用马蹄袖把烟嘴擦一下，或者很尊敬地闻一闻，再恭敬地把烟嘴朝外递给主人。

喝茶、饮酒、用餐

客人落座的时候，女主人就把碗桌拿来，放在其面前。把放有奶食和饼子的盘子，放在碗桌上。这是整个饮食的德额吉，好像是一个奠基礼一样。客人们应该先尝奶皮，因为奶皮放在最上面。客人放少许到嘴里，却像是吃了很多东西一样嚼着，但是不要发出大的声响。其他东西也要象征性地吃点，但是不要真吃，因为离吃饭还早呢。

献茶的时候，牧区不少人自带银碗。女主人可以把银碗要过去，用他的碗给他献茶。给客人端茶不能太满,也不能半碗端上去。双方都不能正对着茶碗出气,也不能把唾沫溅到碗里。如果咳嗽,要背过脸去。客人用右手把碗接过去,把碗放在左手掌上,用右手扶着,表示对主人的尊敬。

敬酒的时候,各地的风俗不大一样。一般是用一只铜盘或者银盘,上面放着三杯酒,用右手捧给客人,同时左手掌心向上,以示谢意。有的地方还要唱歌。客人用右手接酒,置于左手掌心。这时主人半跪施礼,请客人喝酒。客人用右手无名指在第一杯里象征性地蘸一点,向天弹洒,又蘸一点,向地弹洒。第二杯用嘴碰一下,而第三杯必须喝干。如果实在喝不了,可以说一两句祝福的话,把银杯还回去,所以常走草地的人,学两句蒙古语是很有必要的。

吃肉的时候,刀子、叉子、筷子之类,一定要柄儿朝着客人放置。割肉的时候,刀刃要朝着自己。主人给客人递肉的时候,要把四肢踩地的那头、肋骨有疙瘩的那头、脊骨头朝下的那头递给客人,客人顺势接过吃掉。如果客人较多,年轻的要让年老的先动刀子。客人吃的时候要斯文一些,不能狼吞虎咽。蒙古有句古话:"用什么招待是人的礼节,把什么都吃光是狗的礼节。"不会使刀子的朋友,最好还是先吃肋条,因为肋条好啃。喀尔喀有个礼节,女主人在给客人端茶饭以前,要先给丈夫端一份;若丈夫不在,就留在碗里。客人和主人不能把刀子往地上插,也不能向灶火捅,更不能用刀子从锅里扎肉吃。

客人来到主人家,一般应当从容就座,吃饱喝足再走,不能火烧屁股一样打个照面就溜。如果客人特忙,有事来到主人家门口,不进家就走掉是不礼貌的。一般得进家把事情讲清楚,尝过奶茶再走。如果正好碰到人家溶化酥油,分离酸奶,客人要等到酥油溶化、酸奶分离(黄白分开)以后再走。如果遇上人家正酿奶酒,要等人家酿出酒来,趁热尝过奶酒，对奶酒祝颂一番再离开。如果事急等不到奶酒酿成，也要在火撑子里加进一块干牛粪再走。

在牧民家做客的时候，要端庄谦和，袍襟要平展，不能叉腰、伸腿或倚物斜坐，也不能跷二郎腿，否则便被视为不恭。来客如果较多，落座后要与主人交谈，客人相互间不要交头接耳、嬉戏调笑、怪声尖叫，或随便摆弄人家的玩物、乐器等。要咳嗽或打喷嚏的时候，要朝一边或转过头去，用衣袖或手掌掩住口鼻，不要面朝锅灶和别人。不过话又说回来，有些人从小没有在炕上坐过，不会盘腿，也应该仿照其他长者一样盘起腿来，但一会儿就难以忍受。这时候客人可以跟主人说一声，把腿伸一伸，或者要求调换一下座位。伸腿时要朝包西南或东南，不能冲着佛像、灶火和别人。中间要出去的时候，不能从任何人（包括孩子）面前走过。对方要是同意，会向着灶火往前欠身，留出背后空隙，让人过去。出去的人面朝前走，看见脚下有帽子或家具，要拿起来置于高处，也不可踏人袍襟，要沿着毡包的根底出去。如果坐者朝后一仰，对出去的人说："不要紧，不要紧。"出去的人可以从前面出去。但一定要收拾袍襟，瞻前顾后，后背斜过一点。客人回来以后仍入原位坐定，不能交换座位。高龄长者或官宦之人要出去，在座的各位都须起立，为其让路。回来的时候，也要一同起立让路。不过，老年人总是说："你们不要都站起来！"不让大家站立。要出去大小便，还有个隐语。男人要说："看看马就来。"女人会说："挤马奶的时间到了。"

住宿、过夜、辞别

蒙古包里平时睡觉的习俗是：主人与他的妻子睡北面，姑娘和孩子们睡东面，长者睡西面。客人来了以后，一般让他们睡北面、西面。

睡西面者头朝北，睡北面者头朝西，这是因为不能把脚伸给佛爷。如果家里无佛，大家可以一律头冲灶火，腿朝蒙古包边缘。客人睡觉的时候，女主人或这家的姑娘要给客人铺炕，在客人摘帽的时候，主人将帽子接过，放在西北上位（头附近）。蒙古男子睡觉的时候，一定要把腰带解开，把腰带挽成兔耳、金刚杵、寰椎等形状，放在床头上，或者枕头底下，疙瘩是活的，早晨用的时候，一揪就能解开。而后，脱下靴子，置于脚下，靴脸朝灶并排立放。也有枕靴而寝者，枕靴而寝时，靴脸（鼻儿）朝着身体，靴帮子撂起来，上面垫上腰带。这些礼俗，不限于客人，家人也是一样，在野外也是一样。一般是由于家中人多，枕头不够，或野外睡觉不便带行李所致。可能也跟祖先的长期游牧和战争环境有关，如夜间突然下雨刮风，狼闯入羊群，马被突然套住，或打仗开火……种种不测之事发生，能够很快穿衣着靴系带戴帽，不至于措手不及，败于无备之中。

贵客或老者躺下以后，家中的女人或孩子，要给客人盖腿苫脚，用皮被或皮袍苫盖，当然限于冬天。不论家人客人，到了睡觉的时候，开始脸朝灶间，不可拥被背过脸去，睡着以后可以随心所欲。家里的女人们把干牛粪撮回来，压好火，将幪毡放下来，最后才睡。女人们脱衣服时怕人们看到光身，背过脸将一边袖子褪下，用袍子遮住身体。别说女人们，就是青少年也不能在客人面前赤身或披袍而坐。客人早上一起来，主人便问："休息好了吗？"随即介绍当天的天气如何，开始交谈。客人也要说："休息好了。"以表达其喜悦和感激之情。

客人住下以后，主人怕他寂寞，往往请一些地方上的人物来陪他闲聊，讲故事。年轻人要把右手掌合在左手掌上，聚精会神地倾听。或者陪客人喝酒唱歌，周围的人听到歌声以后，也会自动赶来陪伴助兴，牧区的吃喝娱乐从不分家。客人骑的马，自己不用担心，孩子们会替他绊出去吃好饮好拴起来。客人的马夜里如果被狼吃掉，第二天走的时候，主人要送他一匹好马。

客人要走的时候，如果是德高望重的老人，家里的孩子们和女主人要同时站起来，在前面为客人领路。起行之时，长辈未动，晚辈不得先动。长辈动身的同时，晚辈客人和所有家人都一齐站起来，由晚辈在前导引出门。坐在西面的客人，要沿着毡包西边离灶火远一点静静地往外走。坐在东面的客人，要小心翼翼地提着袍襟，从火撑框东面出门。不能让袍襟扫着水桶、牛粪箱子之类，也不能践踏火撑框、火剪等物。如果客人是长者或官员，全家大小都要送行。如果家人年事已高，可以不必站立，对客人表示"坐送"就行了。客人出门的时候，要到佛龛跟前，转一转那个小法轮。女主人要把勺头跟锅分开。如果勺头还放在饭锅或茶罐里，家长就要提醒："把勺头另放过！"或者客人一出门，就把勺头扣过，或者拿出来放到高处，否则会对活计有碍。出门时不能让脊背对着灶火和长辈，故要退着或斜着出来。从门的东侧慢慢撩起毡门，脚不要碰着门槛出来，再把毡门慢慢放下来。如果是贵客或长者，主人一定要先出来为他们撩毡门。

不论什么客人要走，家人一定要先出来为其看狗并送行。一般客人或不认识者，送出门就可以了。尊贵的客人、年长的客人、远方的客人或亲近的客人，一定要送到马桩旁，甚至送到旗边界线上。由于被送的客人不同，送行的规模也大小不等，规模大的有全家人甚至全浩特的人送行的。送长者、贵客的时候，晚辈们一定要跑在前面，为其拉马拽镫、整鞍捆肚，扶他们骑上。有的地方，主人还要给客人敬上马酒。临走的时候，主人要说"好走"，把右手向上举起来，或者把两只手掌先向客人举起，然后又转向自身，欢迎客人再来。客人也要表达谢意，说声"您好在"。而后慢慢走开。有的地方客人走的时候，主人要举行烟祭，并朝着他远去的背影，泼洒鲜奶，祝福他们一路平安。

在通常情况下，客人离开主人浩特的时候，先要缓缓而行，逐渐加快速度，小走大颠，越走越远。女客人有时要送到浩特外面，女主人和同一浩特的太太或姑娘牵着马，与客人一起慢慢边走边唠，送出浩特好长一段距离才返回。

五 蒙古包的装饰艺术

1 蒙古人和蒙古包里的装饰

离大自然最近的民族，往往在艺术上也最具天赋。蒙古民族不仅是一个能歌善舞的民族，还具有绘画雕刻的天赋。蒙古高原有一种大气的美，这里的春天十分短暂，当人感到春姑娘来到草原的时候，实际上已经进入了夏天。天是那么高远，地是那么辽阔。远处放牧的羊群，已经跟丘岗上的白色石堆融为一体，不知道是石堆变成了羊群，还是羊群变成了石堆。近处的马群却显得很活跃，不断地进行穿插组合，每次穿插组合，都是一种色调的配备和重新组合。牧民说，色彩斑驳的饭碗不好看，色彩斑驳的马群好看。他们对大自然的情趣，已经到了审美的程度，蒙古人生活的兴致很高，他们热爱大自然，也热爱成天跟他们打交道的五畜，谈起牛羊总是津津乐道，对它们有精细的观察和浓厚的兴趣。这种大自然的美丽，世世代代作用于牧民的感官，培养了他们的审美和用色习惯。也许是离大自然太近的缘故，蒙古民间的东西十分鲜艳。他们的住所和家具，往往直接把红、橙、黄、绿、青、蓝、紫等颜色，用在图案装饰上。色彩饱满，对比非常强烈，给人一种"一枝枝不叫花瘦"的感觉，包括蒙古人的服装，也具有这种特色。这也是一种艺术世界，一种独特的审美天地。

这种审美，久而久之已内化为一种色彩偏好，甚至内化为一种性格。蒙古民族鲜明的民族意识、直爽明快的性格、耿直的胸怀、质朴的为人，在他们喜欢的明快鲜艳的颜色上表现了出来。蒙古人很直爽，他们会把自己想的，对别人直接说出来，毫不保留。蒙古包装饰讲究对称、稳定、均衡、紧凑，也跟蒙古人那种四平八稳的性格有关系。

原始游牧人在和自然打交道的时候，虽然没学会后人的透视和解剖，但是凭他们的直观和丰富的想象，把自然和神灵简化成某种符号和图案，作为崇拜或者刻画的对象。

历史上的草原马背民族，来也匆匆，去也匆匆，人们以为他们已经消亡，实际上他们的精神和手工技艺的链条却没有断裂，蒙古族最后成了集大成者。他们继承了北方马背民族天人合一的优秀传统，相信吉祥符号和信仰的威力。有物必纹，道器合一，真心实意要把一件器物做好。这些继承和发展下来的东西，成为一个民族的生存历史和文化名片，有着非常顽强的生命力，散发着游牧文化的芳香。蒙古的民间绘画有个特点，不太讲究透视，甚至形体也不够标准，但是神态好，有意味，特"蒙古"。已发现的上万年前的岩画，就表现出了这一特点，证明在民间一直没有中断传承。当然，需要和适用还是最主要的杠杆，蒙古包的建筑材料和里面的摆设，比如：毡子、布料边缘容易起毛损坏，镶边不仅为了好看，也为了保护物品不至于损坏，使它使用得更长久一些。即使是木头家具，油漆、绘画以后，也能起到保护作用。所以蒙古包没有单纯的实用，也没有单纯的装饰，都是实用和装饰的结合。所以我们不能小看这些东西，每种符号里都有很深的历史和文化内涵。

"网格的哈纳如盘蚕（当地把盘长叫作盘蚕）"，哈纳就是个围绕福圈的吉祥结。吉祥结后来的变化很多,有整的、半个的、全敞的、半敞的、单线的、双线的多种,它象征着消除外患内乱,保佑老百姓永远幸福地生活,所以用有棱有角的方格组成。尖角朝外的吉祥结表示针对外患,尖角朝里的吉祥结表示针对内乱。牧民之所以用它来锁边和压角,是为了把里面的东西保护好,不被损坏、打烂或者被人盗走。有时候它也绘在箱子的正中间,表示那些长三只手的人不敢来触犯。蒙古民族历来相信祥瑞吉兆,见面要互相说祝福的话,喝茶饮酒都有祝赞词。蒙古包和用具上的许多图案,往往也含有这种意义。特别是给新婚夫妇做的家具和蒙古包,里面的寓意更多。

这座插孔式套脑,是用吉祥结和寿字间隔彩绘的

2 蒙古包是一个艺术的世界

人类的住所，从它诞生的那一天起，就不仅能够保障安全，服务于生活，同时还散发着人类精神的馨香。蒙古包不仅是游牧人的最佳住所，同时也是他们审美意识的一种外化，是他们的一种审美客体。

有人认为蒙古包本身的各个组成部分，都具有一种形式美，它比例协调，结构匀称，富有节奏感和内在韵律，点、线、面结合，各种几何图案巧妙搭配，方圆合璧，变化统一。有一段祝赞词，是用图案的眼光描述蒙古包的，"浑圆的套脑如金轮，辐射的乌尼如银伞，两扇木门如双鱼，网格的哈纳如盘蚕，顶棚围毡如旗帜，顶饰如同莲花瓣"。这是把蒙古包的各个组成部分，都当成了一种吉祥的图案符号，主要是从信仰的角度上来说的。其实一座做工很好的蒙古

清代的蒙古包式香盒

五 蒙古包的装饰艺术 | 135

包,尤其是串连式蒙古包,本身就是一件艺术品。不少人都喜欢把旅游点或商店的袖珍式蒙古包买回去摆放欣赏。

　　由于蒙古包有特殊造型,描绘在它上面的图画,往往能够产生一种特殊的视觉效果。一幅以辽阔草原为背景的风景画,如果挂在蒙古包的哈纳上面,人们就觉得草原无边无涯,好像能够走进那幅图画,一直跟着牛羊走到遥远的天边。还有画在套脑上的成吉思汗和他的骑兵,因为是一个圆形,会让人觉得似乎有千军万马走过,简直无边无际。尤其是刮起风来,或人喝醉了酒,会看到那些兵马都跑起来了。还有柱子上的祥云和盘龙,都会引发人们生动的想象。甚至乌尼杆子,有些地方也要把它油画出来。

　　牧区有许多能人,既是木匠,又是画匠,还是雕刻家。蒙古包里做得最好的东西,一种是关于佛的,一种是关于马的,比如佛龛、招福香斗、佛爷、祭祀用的九眼勺、木盘、马汗板、马头琴等,有圆雕和浮雕,做得十分精致。新疆有一种说法:每天晚上用马头琴或托布秀尔,演奏一曲《阿尔泰赞》,马群就不会走失。

　　蒙古包里的各种家具,如板箱、柜门、木床、大桌、碗桌、碗架、锅架、茶桶、木碓、木门,不但造型好,做工好,结实耐用,上面的图案也别具特色。各家也都有自己的特色,每家都不一样。现在有的地方,专门让民间艺人做上这么一套,摆在博物馆里,教育人们不要忘记自己的民族文化和历史记忆。

巴根雕刻

纳绣的东西，在蒙古包里也占有相当重要的地位。比如：围绕蒙古包一圈的帘子，蒙古包地下铺的毯子，给贵客准备的坐垫，甚至床单、被罩、茶壶垫子、衬锅片子等，都要一丝不苟地做成精美的艺术品。在新疆伊犁的三个蒙古族自治县，牧民特别热衷于做纳绣大毡，一个妇女用三个月才能做好一个。姑娘结婚时，凡是她的主要亲戚，不论是否送别的东西，一块大毡必不可少，而且还要当场展示给大家。

蒙古包里的挂毯

大毡还有另外两种工艺，叫作补花毡、擀花毡。补花毡用彩色布或鞣革剪成各种传统纹样，组合缝绣在毡子上。正反对补，虚实相映，十分美观。擀花毡以白色羊毛为底，上面摆好用黑色或赭色驼毛（羊毛）组成的图案，再加以擀制而成，所以轮廓线比较模糊。后面两种工艺，相对来说比较简单。有的地方除了图案以外，把绘画也结合进去。一般是边上放图案，中间放绘画，图案和绘画结合。

根据图案的纹路，可以分成动物图案、花草图案、山水云火图案、寺庙图案、文字图案与其他图案等。具体地说，如四雄（龙、凤、狮、虎）图案，七珍（法轮、如意、臣、妃、英雄、象、马）图案，八宝（宝伞、双鱼、银瓶、金盖、莲花、白螺、吉祥结、经轮）图案，以及哈纳纹、犄纹、云纹、十字纹、水纹、火纹、卷草纹、回纹、金钱纹、团花纹、吉祥纹、万寿纹、蝴蝶纹、蝙蝠纹、篆字纹、锤纹、编织纹、兰萨、汗宝古、哈敦绥格（双环套、三环套）等。

根据不同的构件和器具，可以分为苫毡（幪毡、顶棚、围毡、毡

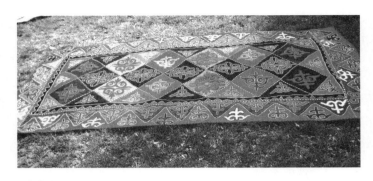

纳绣大毡

门)图案，架木(套脑、乌尼、哈纳、巴根、木门)图案，帘子、坐垫、床铺图案，箱柜、桌子、碗架图案，器物用具图案，等等。根据不同的缝纫方法和工艺，可分为纳花、绕针、刺绣、剪贴、镂刻、编织等图案。根据不同的彩绘油漆方法，可分为雕刻图案、油漆图案、绘画图案、单色图案、双色图案。根据匠人的分工，可分为针指图案、木工图案、银匠图案、画匠图案等种类。

  针指图案大多为妇女的活计。如顶棚和围毡的边，就是用正反搓的三股马鬃绳压的，或者用红蓝二色布剜成回纹镶的。蒙古包的幪毡，不仅要用毛绳压条，往里还要镶一宽一窄两道边，四角剜出吉祥纹样、正中间剪贴成团花或"十"字花纹缝上去。顶饰用二龙戏珠、双凤戏牡丹剪贴刺绣。在顶棚的下边，缝上带眼花翎。各个地方也有自己独具特色的图案，百花齐放，美不胜收。此外，毡子、垫子也压花草、回纹、吉祥图案。那达慕和庙会大帐的四角、四边和中间，也要绣上天蓝色的轮纹、鹿纹、双环套、三环套，同时也要锁边。连帘子、盐袋、碗袋、篷车的毡子上，也要绣各种吉祥纹样。如果是毡帘子，镶蓝边或者红边，四角绣吉祥结。如果是堪布缎、倭缎或者大绒帘子，用半拉吉祥结或者整个吉祥结、回纹或者雉堞纹装饰。

　　游牧生活,不仅能锻炼游牧民族的体魄,也开发和锤炼了他们的智商和手艺。在蒙古汗国时期,蒙古包的传统手工艺已经相当发达。木匠手艺、银匠手艺、铁匠手艺、弹毛擀毡、搓毛捻线、花纹图案等各种技艺已经具备。蒙古包的传统手工艺,已经成为蒙古民族生产、生活等全部技艺的重要组成部分。后来经过了北元、清朝的发展、创新。进入当代社会,传统的手工技艺与现代化的机械结合以

栽绒毯图案一角

后,做得更加精致美观,分工更加细密。目前,蒙古包的架木和箱柜、碗架多数都在工厂生产,做套脑有做套脑的木匠,做哈纳有做哈纳的木匠,做门有做门的木匠,同时有专门的彩绘、雕刻、油漆的工匠。此外,还有专门制作、油漆蒙古包内的床、沙发、箱子、柜子、书箱、梳妆台的能工巧匠。可以说已经发展成为具有民族风格和时代特点的一支民间工艺大军。

六 蒙古包的风俗

蒙古民族把自己称为"图乌日嘎腾"——毡帐之民,以自己的住所作为民族的标志,可见蒙古包在蒙古人心中的地位是多么重要。我国著名的人类学家吴文藻说过:"蒙古包是蒙古物质文化中最显著的特征,可以说,明白了蒙古包的一切,便是明白了一般蒙古人的现实生活。"假如没有蒙古包,就没有游牧民族,也不会出现游牧文明。蒙古族谚语说"窝棚落地是人家,炊烟升处即故乡"。蒙古包直接参与游牧生活，搬家成了牧民生活的有机组成部分，围绕蒙古包的剪羊毛、擀毡子、搓绳子、修理架木和勒勒车，也都是牧民的日常生活。

牲畜要逐水草而牧，人就得逐水草而居，蒙古包不仅连着生活，更连着生产。游牧民族的举止、起居、坐卧、待客，都要遵循一套文明的礼节。可以说从望见蒙古包，到升堂入室、吃喝拉撒，最后出门上路，都有许多围绕蒙古包和它的某些部件进行的习俗仪轨。至于婚丧嫁娶、生老病死，无不与蒙古包息息相关。（如新媳妇上门，要往蒙古包的坠绳上拴哈达，给蒙古包的火撑子磕头。家人去世以后，不能从蒙古包门上抬出等。）以及对火的崇拜、佛的供奉、家具物品的摆放，甚至外面的布局，无不围绕着蒙古包来进行。甚至一天的起居作息，也要根据太阳照进蒙古包的日影子来安排。蒙古包可以说是游牧文明的体现，走进蒙古包，就是走进了蒙古人的生活。

1 蒙古包的庆典

跟农村的新居落成要庆典一番一样,牧区的新包盖好也要庆贺。虽然牧区没有农村那样兴师动众,但毕竟也是一种集体劳动,单靠一家一户的力量还是不行。搭盖新包,亲朋好友不但要帮忙,而且要备礼参加庆典。除了平时的搭盖新包,儿女成家时一般都要另建新包。牧区风俗,一般转场到一个新地方以后,附近的牧民也要主动赶来祝贺。蒙古包的套脑轻易坏不了,一用就是几十年,乌尼、哈纳坏了一根半根自己也能换,不用求人帮忙。苫毡用的年头相对要短,几年就要更换一次,一般是把旧毡替换到里面,外面覆盖一层新毡,这也算一种搭盖,往往也要庆贺一番。

新包宴:加头与祝福

蒙古人平时搭新包的时候,主人家的左邻右舍和主要亲戚,也要主动赶来帮助干活儿,男的选址、搭建、捆绑,女的裁剪、弥对、缝纫。而且都不空手,要带着礼物登门,名之曰"新包的加头"。乌珠穆沁加头有捆绳、肚带、毡子、毛线、碗盏、白酒、奶豆腐等。土尔扈特除这些外，还加带驹骒马、带羔绵羊……总之，人尽其"财"，想加什么都行，加头已经从狭义的"新包加头"，扩展到广义的"家产加头"。当然，主人也要在新灶上举火，准备丰盛的食品，把送加头的亲朋好友隆重招待一番。来客将礼品呈上后，将哈达拴在坠绳上，由一位年迈的祝词者，手捧哈达银碗（银碗盛满鲜奶），高声吟唱《蒙古包祝词》。说唱祝词的时候，要把满壶的鲜奶，冲着天窗、哈纳、乌尼等祭洒，或者把绵羊头、四根大肋、胫骨、尾骨等扎在红柳长棍的一端，以鲜奶为德额吉，与套脑、乌尼、哈纳接触一下表示祝福。祝词说完以后，要把上述食品各取少许，作为德额吉献在火中，将羊头放在套脑的主梁上，把奶酪在坠绳上夹三天。毡包的祝词各地十分丰富，既有传统浪漫的成分，也有很现实很世俗的描述。既有古老历史的遗痕，也有当代新增的内容。既有固定的套路，也有即兴的发挥，从蒙古包的各个部件，一直到家里的摆设，外面的牛羊，甚至碗架、火盆、粪筐、粪叉，都要一一祝福。篇幅冗长，洋洋洒洒，颇有点"赋"的余风，如：

> 迎进早晨的太阳，
> 挡住夜晚的寒风。
> 不许雨水流入，
> 不让灰尘钻进。
> 缀着四根带子，
> 用四方白毡制成，
> 既是头饰又是包帽——
> 将这高大的檬毡祝颂……
> 牲畜用沙陀来量，

金银用盘子来装。
母马的奶酒,
溢如海洋。
乳牛的奶汁,
涌作大江。
要说乡亲的旗帜,
这家的主人
……

都是非常优美的乡土文学教材。祝福不仅吟唱一番,还要伴随娱乐。察哈尔的孩子们一看见搭新包,便聚集到新包周围,一面侧耳倾听优美的祝词,一面心急火燎地等待。因为祝颂人每说上一段,就要从套脑上向外抛撒麻钱、红枣、饼子、奶食等。不等这些东西落地,就让孩子们抢走了。乌珠穆沁的习俗是新包落成以后,还要烧香点佛灯,准备一瓷一木两个盘子,瓷盘里放奶酪、糖果、饼子,木盘里放羊头、羊尾、胫骨。木盘要搁到套脑外面。瓷盘由祝颂人左手举起,右手拿一支拴着哈达的箭,抑扬顿挫地吟唱《新包祝词》。祝颂以后,用箭头向外轻轻一推,木盘连肉都掉了下去。外面围站的孩子们看见木盘一动,便上来哄抢一空。这样最为吉利,牧民称为"享用新包之禄"。

转场送新茶

转场一般选择在晴朗的天气进行。在动身的前一天,要把周围的垃圾清理干净,把练绳盘起,橛子拔出来,把钉过橛子的地方用羊粪、沙土埋好,把领头马的鬃尾修剪整齐,做好转场准备。

转场那天早上，女主人要早早起来，熬茶、挤奶，向天地四方泼散德额吉（份子）。浩特里的人们也要过来帮忙，一直到出发以前，现场总是摆着热茶、饼子、奶酪，并送他们上路。如果是驼运，最先走的是佛像和套脑。有一种特别老实的骆驼，就叫套脑骟驼，就是专门用来驮套脑的。骆驼行动以前，牵驼女人穿着漂亮的衣服，这家的尊长亲自为她备马。女人牵上骆驼以后，绕着过去毡包的旧址，从东向南，顺时针转一圈，才上马而去。这家尊长在自己过去住过的位置上穿好新袍，骑马跟在驼队后面前进。搬家的时候，最前面走的是马倌和马群。这家尊长之所以要走在驼队末尾，主要是为了看看是否有东西掉下，或者驮子是否倾斜。小畜总是走在最后，由老汉、娃娃赶着前进。

如果用车拉，套脑则最后启运。在装车的整个过程中，套脑都不能离开原地。在装运套脑的时候，所有已经装好的车辆和没有拉车任务的牲口，都要在原地待命，不可擅自行动。如果有两列车的话，女主人要在后面一列的前面牵引。在最后一辆车上系一枚铜铃，走时车一摆动，铜铃就响起来。女主人就可以据此判断后面的车是否脱列。这就是古人所谓"胡车相随而鸣"的情景。

转场的车队和驼队，很是浩荡。途中如果有人望见转场的队伍，就吩咐女主人熬茶。女主人把茶熬好后，不管认识不认识，都要拦路相迎，铺下坐垫，放上盘子，请他们喝茶吃饼子。看见有人送茶来，转场者便很有礼貌地站住，年龄最大者最先接茶，而后是打头的女人。喝茶以后，送茶者向搬迁者祝贺，互相道别。队伍起程以后，送茶者要从后面把剩余的茶撒在路上，祝福他们一路平安。

行人看见转场的过来，要从他们右边斜插过去。把那面的脚从镫里抽出来，从最老的人开始，向大家一一俯身问好。从镫里把腿抽出来，就是表示下马的意思。

快到新址的时候，这家尊长首先跑过去，把一个扦子插到早已选好的包址上。车队或驼队一到，他便迎上去，把女主人的马鞍取下来，放到新址东边夫妻将要睡觉的床脚，一直到新包落成才能搬走。

搭包开始的时候，最先在香火缭绕中，把火撑子支起来。蒙古人很尊重香火，认为火撑子的那三块石头是香火的起源，因此搬迁的时候，要用它来开道，把其中向南的那块石头，拿到很远的地方放下。有的地方的习俗是还把它带到新址上，放在将要放火撑子的位置。在新址上下盘的时候，要把新做好的茶饭向当地的土地山神祭洒。

农区好多地方有站羊的习惯，把羊圈起来育肥。牧区却是靠转场给牲畜抓膘的，所以民间说"发财搬家，快乐下盘"。

在新疆卫拉特，普遍流行"送薪火"和"金秋相会"的习俗。那是搬迁的牧户在新址上下盘以后，附近的牧人赶来祝贺和相互聚会的仪式。牧区地广人稀，不像农区那样因为一尺宅基地两家闹纠纷。迁来新人大家稀罕，主人也想跟大家见面，酿成的奶酒让大家喝一喝，互相在一起热闹一番。反正奶子天天挤，奶酒天天做，嘴是福口，吃了还有，好东西大家吃，有活一起干。送薪火的本意，可能是当初牧区火柴缺乏，当地人担心远处迁来的人断炊，特地把火种送来。后来就变成一种彼此认识和欢乐的集会，秋营地上的见面就叫金秋相会。主人一早起来就得酿酒，一般都是喝自己酿的牛奶酒，而以白酒作点缀，啤酒几乎没有。来的客人都带有见面礼，一般都是两份，一份是方糖、块糖、砖茶、瓶酒等，进门打招呼以后放到地下，这是真正的见面礼。客人们还要给主人家每人准备一份礼物，多为布料，上面放一块毛巾。客人进家先敬茶。喝茶以后，把放在地下的见面礼，一件件拿出来放在桌上展示。客人给主人每人一条哈达，小辈站接，长辈坐接。客人再把布料拿出来，论大排小，送给主人家的每一个人。大人坐接，小辈站接。客人喝茶的时候，主人们接受客人礼物的时候，都要说几句祝词。接下来是长时间的饮酒联欢，互表心迹，谈一些牧业上的事。卫拉特还有尝奶酒锅巴的礼俗。做奶酒以后，黏附在酒笼底部和锅上的锅巴很好吃，主人把它们铲在小碗里，首先往火里泼洒一点。再从长者开始，让每人品尝。每人捏一点放到嘴里吃掉，直到把所有人轮完，才开始敬奶酒。敬时先往火里泼洒一点，再给每人敬上。敬法和饮法跟白酒一样。客人走的时候，主人也给每人送一份礼物。

成吉思汗灵帐更新祭

灵帐（就是供奉成吉思汗和夫人的宫帐）更新祭，时间是农历五月十二日，三年一次，在给灵帐更换新毡时进行。一次用羊毛三百多斤，擀成16块12庹×12庹的四方大毡，用来替换原来宫帐的旧毡。普通牧家搭成蒙古包以后，也要举行一个毡包落成的祝福仪式。只是不如成吉思汗灵帐更新祭盛大、隆重，更没有几百年不变的传承人和繁缛的古俗。

五月十日的小祭

传承人主要有三种：做天窗的叫哈拉嘎斯钦，做大毡的叫图拉克钦，做架木的叫嘎希钦。还有一个台吉人做领祭。初十要杀一头牛，把牛肉煮出来，将其中四件（果尔彼查克、寰椎、腰椎、牛拐）摆在木盘里，小祭时敬献。牛皮扒下来，破开来穿缀架木时做皮钉用。初十小祭的时候，值班的守陵人要在圣主面前的祭案上，先把全羊、佛灯、柏叶，以及牛四件供品都准备齐备。领祭把三种传承人的代表引进灵帐，守陵人带头献佛灯，大家一起磕三个头。守陵人再给领祭一个冒烟的铜钵，在他托着出门的时候，再给三个传承人每人一炷燃着的黄香，让他们跟在领祭后面，鱼贯而出，绕着灵帐顺时针转三圈，把铜钵放在敬香的台阶上，后面的三个人也把香插上去，向着灵棺方向磕三个头。托钵转帐的用意在于辟邪，跟现在的消毒差不多。

这时在灵帐门前三庹远的地方，铺下大毡、摆上桌子，桌上放一个盛着奶子的银碗。还有一个木盘，盘里放着缠着哈达的剪刀、黄羊角、蒙古刀、大针、驼绒捻的线等几样东西，这些东西都是搭建毡包的必备工具。领祭喊道："请巧匠就座！"一位匠人的达玛勒（打头的），一位盛装的妇女，一位守陵人的达玛勒，应声坐于桌子后面的毡上。领祭端过银碗，让他们每人尝一口鲜奶，献给每人一条哈达："扎，可以安顿父皇、母后的寝宫了吗？"三人高声回答："以令而行，吉祥通顺！"这种话语，蒙古汗国时代就是这么说的，一直说了好几百年，到现在还是这么说。说过以后，领祭把桌上那个工具盘儿，交给守陵人的达玛勒，达玛勒和领祭人等一起走到灵帐门口，把帐西哈纳门框连接处的一根绳子松开，去到另一座包里喝茶。

看得出来，这次小祭是灵帐更新祭的前奏，也是更新祭准备工作的开始。

五月十二抹画呼德格

五月十二日是灵帐更新以后正式祭奠的日子。

呼德格是房梁或蒙古包天窗上吊的哈达或毛状物，全家的福气都吸附在那上面，是一件吉祥物。成吉思汗的灵帐，比普通蒙古包大得多。有四根龙柱（柱上用云龙栽绒毯包裹），五根大梁，中梁是根双梁。除放银棺、祭案外，容纳二三十个人没问题。一般小型的祭奠，就在这里举行。与普通蒙古包不同的是，它的天窗不开在正中间，而开在顶部的正前方。同蒙古包的蠓毡一样，可以自由开闭。呼德格是用貂皮和五色彩绸包裹的，比普通蒙古包高级，平时放在银棺的东西两边。这天要把它从银棺里拿出来，吊在灵帐的中梁上，由芒赖、查尔彼二人，用酸奶、黄油、全羊的德额吉把它抹画一番，格赫钦致祝词。

这时，在正对天窗的地上，摆好一张桌子，桌上放一木盘，盘里堆满削好的牛肉。再把什锦粥挖点儿，倒进燃着的火撑里，进行香火之祭。而后把冰糖、葡萄、红枣、核桃仁和什锦粥的德额吉，堆在木盘的牛肉上面，顶上放四根羊拐。领祭向圣主三叩头以后，来到这张桌子跟前站定。图利便喊："抹画开始！"格赫钦便致祝词："把那大毡覆盖的，洁白的宫帐，用什锦粥涂抹其上，千好万好的朝廷哟，祝你的可汗哈敦全体国民，永享幸福安康……"

这套祝福词一念开，领祭就把木盘里的东西抓上，从天窗的东西两面往外扔出去。东面扔三下，西面扔三下。每扔三下，格赫钦就念一段祝词。祝词念完了，东西也扔完了。灵帐外早围了一大群孩子（十三岁以下），他们兜开小袍襟，眼巴巴等着，一旦东西扔出来，就赶紧去接。领祭扔开以后，图利、哈萨也依样，从天窗往外扔东西。并用什锦粥，抹画灵帐的梁、柱、桌、门、门槛、门框、门楣、外门等部位。在离木盘远一点的地方，还放着一个小木盘，小木盘里装着红枣两颗，铜钱三枚，皮子几缕。这是一份礼品，谁最先接到了羊拐，这份礼物就是他的。领祭把他唤来，在他额头上抹一团黄油，让他把羊拐扔进火撑，把盘中之物赏给这个孩子。羊拐如让三岁小儿接住，据说最为吉利。男孩赏银弓（银线缠的，拇指大小）一张，女孩赏银针一枚。

2 "从妻居"到"从夫居"

蒙古族的婚礼极富戏剧性和浪漫气息，精神生活大于物质生活，似乎整个民族还停留在可爱的童年时期，在举行婚礼时把自己的历史重演了一遍。历史上母系社会向父系社会的过渡，女权与男权的争夺与和解，在搭盖新婚夫妇的蒙古包等这类活动的风俗上体现得淋漓尽致。

新包宴："从妻居"的变体

蒙古民族据以产生的室韦部落，"婚嫁则男先佣女家三岁，而后分以产，与妇共载，鼓舞而还"。成吉思汗少年时代订婚以后，还到他岳父家当过"上门女婿"——胡日根。直到现在，蒙古民族口语、书面语中的"女婿"一词，还含有这种古义，也就是要"从妻居"。

婚期临近，男方要给一对新人搭一座毡包。可是有的蒙古部落，一定要把新包搭到女方家门前。后来母权的势力减弱，男方已经不需要在老泰山家"从妻而居"了，但是毕竟要有所表示，不能过渡得太快了，于是把新包搭在女方家门前，权当一个上门女婿，让岳父家高兴高兴，这实际上是一种变通的办法。以下是各地的一些具体做法。

青海蒙古

婚礼的前一天，青海蒙古人要搭新包。男方准备材料，女方选择地址。地址必须在女方院外，由喇嘛决定大体方位，姑娘的双亲把放火撑子的地方收拾好。新郎父亲和近亲先到，在亲家选好的位置放好桌子，摆上圣饼、瓶酒、奶食等，一同坐等新包材料运到。材料由新郎亲自送来，大家要帮忙搭建。姑娘的父亲拿出火镰，唱道："从山冈上取来火石，让巧匠淬火加钢，有名的陶克德穆勒啪的一击，闪出七颗火星，把灶火点旺。"边唱边把火点着，双方父母亲戚一起喝茶欢宴。

新疆土尔扈特

新疆的土尔扈特，在青海蒙古的基础上，又做了一番简化，已经不需要去女方家门口搭包了，岳父也不主持点火仪式。但姑娘的母亲仍要领一部分人，专门来准备新包的幪毡和挂毡门。人到齐以后，男人选择包址，女人裁制苦毡。把哈纳竖起来围一圈，把套脑放上去，把乌尼一根根插好。放套脑时，先在幪毡上涂上油，再把三尺多长的哈达拴在套脑的圈子上，好像汉人盖房上梁贴红对联一样。不过蒙古人的幪毡，指的门户、门庭，新娘的母亲准备幪毡，便有点越俎代庖、自充主人的意思。在这套礼仪结束，吃酒欢宴的工夫，男方要把五叉献给女方男宾，胸茬献给女方女客，这都是很讲究的食品。从席面来看，女家的尊贵地位依然如故。

其他的蒙古部族

新疆其他的蒙古部落，在土尔扈特的基础上，又向前发展了几步。

女方在男方家搭新包时所起的作用逐渐减弱。可再弱也没有到干脆不管的地步，这是很耐人寻味的。新疆卫拉特搭新包的时候，女方家别的可以不管，33根毛绳是必须准备的。察哈尔蒙古则采取了较为灵活的做法：如果两家住得较近，举行新包宴时女方就得参加。如果两家相距较远，女方就要趁婚礼的正日子，送姑娘来的时候一并抹画（祝福）毡包。一位是祝颂人，一位是送亲嫂子，赶在新娘上门之前来到新包。嫂嫂的任务是收拾新娘的被褥穿戴。祝颂人的任务，是把带来的全羊、白酒、奶食、围绳等"加头"，在新包里陈列起来，诗一般地吟说一段祝福的话语。为了捉弄嫂嫂，男方要趁她进门的工夫，给她端来一碗滚烫滚烫的奶茶，让她在喝茶时把时间消磨掉，新娘来到再收拾东西便不赶趟了。久经婚场的嫂嫂，见茶烫便不接，忙不迭地整理内务。等东西整好，茶也凉了，三下五除二灌下肚，还不耽误跟大伙一起出来迎接新娘。

达尔罕婚礼，新娘拜见婆家火神和公婆时，要有两只羊参与：一只是死的、卧的，就是摆在盘子里的全羊（馇斯）。还有一只是活的，拉来站在宴包（主要宾客集中的地方）的火撑子前面，和全羊差不多放在一处，让宾客观看。新娘娶回家以后，在另外的毡包挽头，完成发型的转变。而后由男女双方各出一名嫂子，将新娘引进宴包。司仪就往那只活羊身上淋些圣水，额头抹点黄油，按其脑袋表示叩头。嘴里说道："煮熟的一只馇斯，站着的一只馇斯（指活羊），整瓶整坛的美酒献上来了。"这时新娘便向火神叩头。拜过火神，再拜公婆。女方嫂嫂手持荷包袋，代为收礼。叩过头的羊，作为一对新人结婚的见证，尊为神羊（压根儿选的就是好羊），放入群中，不杀不卖，任其老死。这意思是说，火神乃一家守护，先拜火神，并祭之以牲牢，便获得了永远的承认和保护。

新娘起身时，娘家陪送一对箱子，一大一小。大箱子放四季衣服，靴子几对。小箱子里装围绳一条，有十一二庹长，门头毡一块（毡子做底，上蒙布纳的花纹），砖茶一块，饼子一袋。拜过火神、公婆后，将小箱子打开，取出门头毡，挂在门头上。开始往宴包上缠围绳，西面男方嫂嫂缠，东面女方嫂嫂缠。先从西面缠起。男方嫂嫂就弄鬼，中间做点文章，这样缠到东面，围绳便少一截，缠不回来了。众人就起哄："把女方嫂嫂马缰子拿过来弥上！"女方嫂嫂就揭对方老底，这样耍笑一阵，把围绳捆好，复入宴包。女方嫂嫂打开大箱子，向大家展示娘家陪送了什么东西，交代给男方嫂嫂。男方嫂嫂接住放在被桌上。接着双方客人入席，女方客人坐东，男方客人坐西。两个嫂嫂一个提壶，一个端茶，新娘论大排小一一给双方宾客敬茶。先茶后酒，酒罢上饭，而后散席。从女方拿围绳和门头毡来看，婚礼仪式仍然有过去母系社会的一丝残余。

巴尔虎：真假新居

男家新搭半拉包

这里的半拉包，不是指没有哈纳的车额吉格日。而是指新搭的蒙古包，一半是空的。在巴尔虎蒙古部落，儿子结婚前夕，家里要给他搭座新包，安顿一个窝。蒙古包是组合房屋，架子很快能立起来。只是赤身裸体，有骨无肉，还需要包装一番。毡包毡包，外面用毡子包起来，才是一个完整的住所。上面的骨架，老早以前就已准备好。所谓搭新包，主要就是给外面包那层毡子。因为毡子需要现裁现做，所用的人也多一些。择个良辰吉日，告诉亲戚朋友、左邻右舍，让大家一起来帮忙，图个热闹喜气。来的多是女人，都带着大针、顶针、驼绒线。有的人家还把做好的带子、压条等带来，讲究"添砖加瓦"，参加的人越多越好。

毡子和架木是内外对应的，由一个人先把幪毡、顶棚、围毡裁剪好，尺寸不大不小能跟架木互相套在一起。女人们七手八脚，一齐动手，把该缝的地方缝好。缝得很妥帖，很美观，很麻利。全部覆盖到架木上以后，一座新包便落成了。在套脑主、辅梁交叉的地方，挽一条雪白的哈达，哈达里包着象征繁衍的小麦、青稞，祝福新人多子多福。大家准备了茶、酒、奶食，在新包里坐下忘情地联欢，祝贺新居落成。还把一根木棍削尖，扎上羊尾巴，在新包里指东画西地抹画一番。由一位老者带头祝颂道：

套脑上挂住脂油，
铜锅里挂住奶渣，
挤奶的乳牛，
练绳一年比一年长，
新婚的夫妇，
福寿一年比一年大。
……

然后把木棍别在包西北的哈纳网眼里。

如果隆重一些，要摆全羊，一般放在食桌的前面，腿、头蹄、五脏都要摆上。看上去就像活的一样。这时出来一人，把肉等分给大家，把羊头、羊尾、奶条子作为德额吉，放在套脑上。与此同时，新包的外面，孩子们站了一圈，有人还拿着套杆，准备抢夺套脑上推下来的东西。谁把推下来的羊头套住，谁就是好汉，再把羊头分给众孩子。

这时，包里的人们正在喝茶，吃分到的肉，略加品尝以后，大家到外面稍事休息。

再回来的时候，酒桌已经摆好，大碗酸马奶摆在桌上，大桶奶酒已经装好，精工雕刻的舀子挂在上面。大家坐好以后，其中一人问道："选谁当宴会主持呢？"于是大家就推举德高望重或者精通礼仪、能说会道的人当主持。主持站起来，对大家表示感谢，然后走到酒桶跟前，派出舀酒与敬酒的人，准备开始工作。主持端起一大碗酸马奶，捧着哈达，献给歌手。歌手躬身双手接过大碗，开始唱起悠扬凝重的长调。这时选出来的人也开始给别人敬酸马奶。有的地方，开始不唱歌，直接赞颂酸马奶，再开始宴会。

祝颂人祝贺完毕，要尝主人敬上来的奶酒，把哈达收了，其余的奶酒回敬给主人。

新搭的毡包不插禄马，不请佛爷。包西的一半有底边围子，包东的一半没有底边围子。包西的一半有毡垫子，包东的一半没有毡垫子。三根围绳扎两根，下面那根空着。这种奇特的半拉子蒙古包，只有结婚的前几天才能看到。因为东面那一半的底边围子、毡垫子、下面的围绳，还有充实包内的家具，都是留给女方的，要由女方家准备；姑娘出嫁的那天，女方就会送来。包括被桌、箱子、碗架，甚至会带来盛满奶水的奶桶。妇女撑起半边天，在牧区真可谓名副其实。

新娘备嫁假新居

半拉子蒙古包里缺少的东西，要留给女方做准备。所以，在男方家搭新包的时候，女方也差不多开始收拾嫁妆，好像音乐的奏鸣曲，主部主题与副部主题同时展开。

巴尔虎在这方面最为有趣。女方在做这一切的时候，无不跟男方的新毡包遥相呼应，带有明显的从属性质。男方的毡包没有下面那股围绳，女方就用针茅搓根粗绳，围成一圈蒙古包的底座。前面留个口子，权当是包门，把它作为男方毡包的代替物，像玩过家家那样，女人们进进出出，把嫁妆收拾进这座假包里。被桌放在北面，上面垛上垫子、褥子，最上面摆上镶有银泡钉的毡枕头。缝枕头套子的人，必须是全福人。枕头的空隙处放箱子，东南放奶桶架子、锅架子。总之，将来要充实新毡包的东西，都要在这里预演一番，如法摆好，将来好拿到男方家去。床垫子、枕头套子，还有六张羊皮做的皮被子，必须提前准备好。碓子、斧子（捣茶的必备品）也要由女方准备。

收拾嫁妆和搭新包一样，接到邀请的远亲近邻（女性），都要自带针线，前来帮忙，给姑娘做穿戴。主人也要给来人准备饭菜。嫁妆收拾完毕，也把红柳棍子插上羊肾脏、羊心脏、羊尾巴，指东画西地把嫁妆抹画一番。皮被子做好以后，姑娘的妈妈要拿起来抖搂一番，让里面的麻钱跌落下来，然后面子朝外摆在炕沿边上。这些麻钱，是用奶豆腐压的，也是艺术品。往往不等落地，就被孩子们抢食一空。孩子抢得越厉害，预示着新婚夫妇将来越是多子多福。

打打闹闹结夫妻

拆你毡包打我旗

阿拉善娶亲的人马回来之前，男方要派出几名精明强干的人，走出新包（喜房）很远，在新娘来的吉利方向上，搭一顶帐篷，旁边拴着一只活绵羊。等新娘子和送亲的人马一到，就赶紧招呼下马，迎进帐篷喝茶饮酒。新娘一行要在这里待到太阳出来，所以这座帐篷也叫过夜帐篷，是送亲的人们下榻的地方。

这时候，在那座飘出酒香和歌声的宴包里，男方早就准备好了一只大酒篓：用木头塞子塞紧，白面和泥抹住，外面还蒙了一层生牛皮，取名"密封篓酒"。放在正面偏西，旁边还摆着一只馐斯。女方住下以后，便打发几个身强力壮的小伙子，来到宴包。喝过茶后，一起站立，给男方父母亲朋献酒："我们是女方的使者，来要你们的珍珠嚼子珊瑚鬃的骏马，白银鼻拘青丝缰的骟驼，七十篓满满当当的白酒，七十斤高高大大的绵羊，宽背大角红犍牛，金柱银柱金拐骨。还要把你们的酒篓子打开，让气出一出，大伙尝尝鲜才回去。"男方大宾挑逗地说："你们怎么带了这么多使命，有力就打开，有辞就献上，有礼就尽到吧！"将一盘五谷搭上哈达献给他们。那几个小伙子上前抬起酒篓，移到火撑子的西南。其中一人丹田运气，啪的一掌就把木塞打开，祝颂人就口若悬河，喷珠吐玉，说上一大段酒篓的祝词。双方客人一起祝福："但愿不仅是您的语言，也是佛爷的旨意。"各出哈达一条，献给祝颂人，表示感谢。女方来人把五谷扔进酒篓几粒，哈达披在酒篓肩膀上。拿出酒壶，从新打开的酒篓里灌满酒，给佛爷、火神、苍天、男方大宾、父母、兄长、亲朋依次敬献，起唱宴歌，大家齐和。又拿出白瓷瓶，从酒篓里灌满酒，放在酒篓旁边。从馐斯右前腿上取肉少许，放在瓶上。接着又说："请赐给刚才禀奏的礼品。"男方大宾就说："给你金柱银柱，不给你银鼻拘青丝缰金拐骨。七十篓酒已经摆上（指上面说的酒篓），七十斤的绵羊已经赶走（指拴在帐篷边的绵羊），宽背大角的红犍牛已经拴住（指瓷瓶上的肉）。"对方嚷嚷着："银鼻拘青丝缰金拐骨，我们非要不可！"争辩一番，女方就有代表麻利地跑出去，从新包上拆下两根乌尼，摘下两扇门板，很快拿进过夜帐篷。如果新娘出嫁娘家不陪送毡包的话，就用这四样东西代替。

酒篓里的酒，来人要用白瓷瓶带回帐篷，让自家的人们尝鲜。大家又是欢歌畅饮，彻夜不眠。到太阳冒红时，他们一起走出帐篷，向男方家宴包走去。这时，只见男方那面闪出两匹光背快马。骑者头裹彩巾，少年英豪。其中一位手提一根系着哈达的胫骨，直冲新娘奔来。二话没说，用胫骨挑了她的盖头就跑，还挥动着胫骨大喊："我们家在这儿，都跟我来！"送亲的客人假装如梦初醒："那是什么人？你听他讲些什么，快追上去逮住他！"于是女方队伍也闪出二三快骑，穷追不舍，欲把盖头夺回。前者假装惊慌，没命逃窜，跑回浩特，绕着宴包兜开圈子。经过门口，伸出左手，一探身子，嗖地一下，从马腹下把胫骨扔了进去。据说胫骨砸进哈纳的网眼里最好，要是射到人头上，可得起个大包。不过不必担心，早在他们出发的时候，宴包已经撩起门帘，所有宾客家人都出来望新妇看热闹，包里空空如也。他们跑出来既能看热闹，又避免了一场飞来的横祸，真可谓一箭双雕。这个仪式一完，大家才回去照旧饮宴。从争抢乌尼和门板来看，可能带着母系社会向父系社会过渡的某些痕迹。

踹倒炉灶安新锅

女方送亲人，已从男方新包上拆下两根乌尼，拿到帐篷里放起来。第二天一早登婆家门的时候，这些东西就派上了用场。两根乌尼挑起一方缎子，像举标语似的在前面开路，紧接着是新娘、送亲队伍和压阵的骆驼驮子（嫁妆）。那只活羊，人马一起身就将它解放，放还群中去了。帐篷里还要准备一颗羊头，出发时捆在骆驼上面，故意不紧拴，让它途中掉下来。如果忘了准备羊头，男方家就要派出一人，骑马送来，把羊头架过骆驼扔到地上，也算是途中掉下去的。

更有趣的是到了男方家门口，送亲的兵分两路。新娘和嫂子走进新包，其余的被迎入宴包。新包内三块石头支一个小铜锅，小铜锅里咕嘟咕嘟煮着一锅肉，对她们表示欢迎。可是嫂子不领情，什么也看不顺眼。刚刚落脚，她就哧的一拉，把人家套脑上的蒙毡揪下来，换上自家带来的一块。从铜锅里把肉捞出来以后，一脚把人家锅灶蹬翻。还要到人家的宴包，当着一群宾客的面，把新娘的公婆叫到新包，让公公用火镰打火，婆婆接过火种，将火撑子上的柴火点着。好像这才是新包里的正宗香火，刚才那套锅灶不算数，应当重起炉灶。

公婆一出去，新包的毡门便被撩起，门口铺上一块雪白的新毡，新毡上用五谷撒出一正一反两个"卍"字图案。一对新人跪在图案上（男西女东），合举着一根羊棒骨（胫骨与桡骨的总称），新郎左手举小头，新娘右手举大头。他俩西面摆着一条长桌，有四个姓氏不同的人，并排坐在桌子后面。每人各执酒一杯，肋骨一条（用扦子插着），口中念道："手执胫骨，拜见日月。手执桡骨，拜见圣主。"新郎新娘就向着太阳三拜九叩。而后，当四人将手里的酒和肋骨向四方扔去的时候，这小两口像得到什么信号，争先恐后地跑入新包去抢占座位。本来他们的座位就在正面，男西女东，是固定好了的，抢不抢都一样。可是他们却要抢先坐在自己的座位上。新娘跑不快，可是她有心计，把帽子扔给嫂子，让嫂子代为抢占，因此往往能以弱胜强。

一对新人入座以后，下一个节目是共食胸椎。胸椎是从那个铜锅里捞出来的，共六节组成。环环相扣，牢不可破，天长地久，吃了图个吉利。接着把两个人的头发散开，男人的头发短，女人的头发长，就来个取长补短。把新娘的头发拉过来，搭在新郎头发上。用梳子蘸清水梳一次，再蘸奶水梳一次。直梳得水乳交融，二发合一。再把头发分开，各梳各的。梳头人念道："挽起黑发，成为一家；结起青丝，成为伴侣。"这就成了名正言顺的"结发"夫妻。

新郎新娘与坠绳拉绳

牧人怕大风把蒙古包刮走，就在套脑中心拴下一道绳子，用橛子钉死在地上。或者从套脑上把绳子拉出去，钉在包外的空地上，好像系船的缆绳一样，称为坠绳。新包的坠绳上，拴着一只带毛的胸茬，下端挽个活扣，并不钉在地上。包中的火撑子上架好了干柴，这都是为了续香火用的。在宴包里举行的仪式，那是为了"入籍"，祭拜他们这一家族的香火。在新包里举行的仪式，却是开启小两口门庭的香火。新娘在宴包叩头以后，男方请女方的客人，女方请男方的客人，把他们热热闹闹地请进新包。新娘仍然躲在帘子后面，不理家政。重头戏又落在新郎身上，按嫂子的摆布行事。嫂子把坠绳活扣套在新郎膝盖上，让他跪下，喊一声："父汗击燃火镰，母后煽旺火苗！"这是很古老的话，下面的做法更为古老。那些佩带火镰的蒙古汉子便一齐响应："我有五十两纯钢、半张香牛皮做的火镰，敢问是打是刮？"女方大宾说："怎么都行。"双方就各出四人，分作两排，两片燧石夹一团火绒，八付火镰分两个阵营，"乓乓乓乓"一阵击打。哪方先把火绒打着，就说："我们赢了。"赶紧把火绒放在胸茬上面。婆母就用它把火撑子上的柴薪点旺。这就叫续香火，是一种原始的取火比赛，也是一篇祭灶的异文。

这时候，新郎已站到桌子上面，手捧一只没有燎毛的绵羊头，伺机从套脑上扔到外面。这时候外面有两个头裹彩巾的少年勇士，专心在那里等候。他们只听见包里的嬉笑声，"往东扔""往西扔"的调笑，却看不见里面的动作。只要羊头一扔出来，他们就赶紧抓住，一人提一只耳朵给送回去。还摇摇晃晃，两腿打战，好像那羊头有千斤重似的，逗得新包里的人笑成一团。如此再扔再拾，反复再三，这个节目才告一段落。

人们刚刚落座，双方各出嫂子一名，各端一盘红枣，枣上搭哈达一条，交给各自的大宾，说道："请让马驹撒欢。"大宾将枣盘接过，递给祝颂人。祝颂人面朝大伙跪倒，念了一段精妙绝伦的《新包祝词》。从滩里跑的牛羊，到箱里放的细软，无不浪漫优美地赞颂一番。颂毕，双方大宾一齐说：

> 我家的马群里，
> 也有笨马，
> 也有走骏。
> 要想骑笨马，
> 就把捆肚勒紧。
> 要想骑走骏，
> 就把扯手勒紧。

双方大宾把哈达献到新包的佛爷胸前，把红枣像一阵急雨洒向人群。众人视为祥物，纷纷抢而食之。

马驹撒欢以后，宾客重又分包，各自欢宴。半夜，嫂子给新娘梳起"媳妇头"，送她到宴包门口。宴包幪毡开闭天窗的拉绳上，也拴着一截皱皱巴巴的老羊脖子。新娘解下羊脖扔掉，把拉绳末端掖到包北三道围绳的上面那道围绳上，转身回到新包去了。第二天早上才大张旗鼓地正式登门。新郎和新娘，一个动坠绳，一个动拉绳；一个开头，一个结尾；一个当主人，一个当主妇；分工协作，阴阳合璧，共同支撑起一个家庭。

3 一生住三次"乌日其"

蒙古人把窝棚或简易住所称为乌日其(栖身之所),认为人的一生要换三个地方,住三次乌日其。孩子出生时,在蒙古包外面,临时搭一个乌日其,孩子就出生在这里。长大成亲时,娶回新娘,先得住进乌日其。新娘挽头换衣,完成从姑娘到媳妇的转变。老人去世以后,也要在乌日其里作短暂停留,才能拉出去埋葬。早先的人去世以后,人们就把他丢在原来的蒙古包里,其余的人赶上牛羊和勒勒车,迁到别处居住去了。后来时移世易,风俗大变。但是每当举行婚礼和葬礼的时候,这些历史又都戏剧般地重演了一次,非常有趣。

布里亚特的婴儿洗礼宴

布里亚特女人生下孩子以后,要杀一只绵羊,给她吃肉喝汤,滋补身体,增加营养。把羊棒骨(胫骨)和漫肚油(罩在瘤胃外面的那层薄油)留下,不要让它们干了。三天以后,把接生婆和包裹孩子的妇女请来,给婴儿做个洗礼,把羊棒骨煮出来,用肉做大粥招待大家,用汤来给孩子洗澡。孩子洗澡要进行三次,这是第一次。第二次用兑了盐的清茶。第三次用温开水,滴几滴圣水。最后再用柏叶烟浑身熏一熏,换上新衣服包裹起来,原来的衣服拿去洗了。这就是婴儿洗三,布里亚特叫作"套脑图"。用毡子缝一个袖珍小袋,把孩子的衣包(胎盘)、脐带放进去,用红线扎住口子。孩子生在哪个地方,就在那个地方挖一个三十厘米深的坑,撒进些粮食和银钱,把小毡袋放进去,用土埋上。上面用松枝、桦皮之类搭个小型的乌日其,用那张留下的漫肚油罩起来,上面浇上黄油,将其点燃,大家围绕着它坐下来。等火燃起来以后,大家再火上浇油,让它烧得更旺。一会儿乌日其就被烧得垮下来,向一边倒去。乌日其向哪个方向倒下,预示着坐在那个方向的妇女明年就要怀孕生孩子。大伙就用松枝烧的灰往她脸上抹,她也向别人脸上抹,接着互相抹起来,抹得人人脸上都有两道黑。而后大家一同站起来,绕着灰堆顺时针转三圈。产妇也要端着白食红食盘子,跟着大家转够三圈,再把盘里的德额吉让大家尝过,而后举行一个小型的宴会。

给孩子取名字时,一般是一个老人用摇签的办法,从事先编好的名字中选出一个。先对着婴儿的耳朵,男婴对右耳,女婴对左耳,悄悄地把名字对他(她)说三次,而后再向大家公开,同时把这个孩子在宴会上转三圈,让每一个人把孩子抱三次,对着他(她)的耳朵把名字轻轻说三次。这是孩子第一次进入社会,社会就给了他(她)一个称谓,这个称谓将伴随他(她)一生。

那个啃剩的羊棒骨,要裹在哈达里,永远地保存起来。这就是人们所说的第一次住乌日其。

新娘上门三叩头

　　新娘上门三叩头，是巴尔虎婚礼的一个特点。那里牧区地盘大，浩特布置非常散漫。以老公公的毡包为视点，包东是羊圈，包西是勒勒车，距离都很远。到要娶媳妇的时候，羊圈和毡包中间，要加进一顶新包，这是媳妇的。新包洁白美丽，衬得老公公的毡包更陈旧了。不过老公公的毡包上要插禄马旗，光荣还是他的。在毡包的东北，还要搭一个更简陋的窝棚，这就是乌日其，蒙古人一生第二次要住的地方。别看它不起眼，却是新娘的第一个落脚点，走进去是姑娘，走出来就变成新妇了。这个过程是怎么完成的呢？

　　送亲来的客人不能下马，要绕着亲家的浩特转圈子，公公毡包里的人们瞅见送亲的来了，赶紧派出两队人马，男队手捧羊头盘，迎男客；女队端一壶茶，迎女客。迎者要在他们开始转圈以前，把东西献上来。那羊头上剜个月牙儿，立面嵌进一点绵羊尾巴。男客把这点尾巴抠出来，向天泼洒以后，要趁机飞起一脚，从下面把盘子踢掉，来个"过河拆桥"。迎亲的男人料到他会这一手，便抢先把东西泼洒出去，来个"越俎代庖"。女客虽没这么野蛮，不过也不喝茶，全把茶水泼在新娘坐骑的屁股蛋上。这并不是有意与男方作对，泼洒点儿吃的喝的，是给那些跟随新娘来的破神烂鬼。因为这些家伙很爱凑热闹，又看不见，被新娘带进婆家就不好办了。

　　送亲人绕够三圈，才在毡包西南下马，男方赶忙迎上前去，把马拉过来拴了。几个女子领着穿斗篷的姑娘，走进乌日其，把她的秀发一分为二辫作两根，戴上犄角般的大头饰，穿上崭新的袍子，套上坎肩乌吉，皇上的坠子，皇后的图海，顿时焕然一新，变成光彩照人的新娘。这时女方一位大嗓门汉子，走出乌日其，朝公公的毡包大喊一声：

"姑爷！"那位帽子上插貂鼠尾巴的新郎，应声走进乌日其，同新娘一起用圣水净手洗脸，然后从怀里掏出两节事先打好孔的羊尾，套在新娘的两个大拇指上。再拿出一条蓝缎子哈达，一头拴着新娘左拇指，一头自己拉着，在新娘头上蒙了红布，将其缓缓牵出了乌日其，后面跟着女方那一大群人。新郎左边陪着一个男人，新娘左边陪着一个女人，开始从东边绕毡包。这次绕毡包，半径比上次自然小些，内容却更为丰富。毡包的门口，有许多人出来看热闹。在其西南不远处，铺下一方褥垫，有一个男人，孤零零地坐在那里，显得十分独特。当绕到毡包东南的时候，陪新郎的男人高喊："媳妇叩头！"褥垫上的那人便念道：

不要踩草丛，要踩貂皮，要从白发苍苍的父母门槛上叩过来！

陪女就把新娘的头轻轻摁一下，接着再走，走到毡包西北，再喊："媳妇叩头！"又念道：

不要踩石头，要踩獭皮，要从慈爱的父母门边上叩过来！

陪女再把新娘的头轻轻摁一下，继续前行，走到毡包东北，第三次高喊："媳妇叩头！"又念道：

不要踩山坡，要踩貉皮，要从年迈的父母门框上叩过来！

新娘如此这般再叩一头，绕到公公包门的正南。原来喊"媳妇叩头"的那位大嗓门汉子,就是女方的祝颂人。褥垫上坐着念祝词的那位,便是男方的祝颂人。

死人不走活人走

第三次住乌日其,仪式又归于简单。这是一个人最后的晚餐。

清代蒙古学者罗卜桑悫丹,在他的《蒙古风俗鉴》里称:人死以后,把他抬到一座生前住过的毡包里,家人则把其余的东西装到车上,赶着牲畜,迁到很远很远的地方,再也不回来了。那毡包也同死人一起扔了,这就是死人不走活人走。《元史·祭祀制》说:"凡帝后有疾危殆,度不可愈,移居外毡帐房,有不讳,则就殡殓其中。"成吉思汗也曾有此"殊遇",只不过他后来龙体康复,并没有让养病的毡帐成为他的坟墓。

在古老的乌珠穆沁草原,如今偶尔还能看到这种风俗的遗迹。灵车一启动,人们就一齐使劲,把蒙古包反向抬起,里面的人就用火钳夹着火,连续三次靠近火撑,同时大叫一声:"下盘啦!"有人便在包内洒些灰水,三日之内将此包迁到新址上去。据说以前死人不走活人走的时候,一定要迁到三个程头(路上走三天)的地方才能落脚。后来简化,把火钳靠近火撑子三次,暗示生火三次,在途中走了三天。苏尼特又前进一步,连火钳也不用,只把蒙古包换个地方,就表示搬走了。不过必须在送葬之人出发以后回来之前这段短暂的时间内,把蒙古包拆卸、搬迁、搭建的任务完成。

科尔沁草原又向前发展,老人死后,用红柳和芦苇绑个假窗户,套在真窗户外面。死人从窗户上(不能从门上出来)往外抬的时候,千万不能碰着真窗户。那假窗户却同死人一起,拉到墓地上烧掉了。

这假窗户，显然是一个道具，象征古代入殓死者的蒙古包，所以要同死人一齐出殡。本来还应当"死人不走活人走"的，因为居住了不能搬迁的土房，只好委屈死人让路，这是一种变通的办法。

于海军 摄

七 蒙古包的禁忌

1 门户的禁忌

进蒙古包不能踩门槛,不能在门槛上垂腿而坐,不能挡在门上,这是蒙古包的三忌。这种风俗自古就有,元朝出使蒙古的大旅行家马可·波罗曾说:"在大殿的每道门,或是大汗碰巧所到的任何地方,都有两名体格魁梧的侍卫,手执棍棒,分别站在两边,目的在于防止人们的脚踩在门槛上。如果有谁偶然犯了这条禁例,看门官便脱下他的衣服,然后罚他拿钱来赎回。如果他们不肯脱下衣服,他们可以根据他们的权力,给他一顿棍棒。"别说可汗的门槛不能踏,就是普通百姓的门槛也不能踩。蒙古有句格言:"物之首者哈达,屋之首者门庭。"进别人家的时候,首先要撩门帘、跨门槛才能进去。因此,人们常把去别人家说成"迈金门槛"。因为牧民把毡包当成主人的象征,门是口,门槛是喉,门楣是额,套脑是头,蒙毡是帽。不能踩门槛,就是不能踩主人的咽喉。"踩了蒙古包的门槛,住户就得倒霉。"这种观念,大约很早以前就在蒙古人中形成了。踩了可汗的门槛便有辱国格,踩了平民的门槛便败了时运,所以都特别忌讳。以进家在门槛上绊倒为好,主"进"。以出门在门槛上绊倒为不好,主"出",必须回来重新走一次。

蒙古人对门头很尊重，抹画毡包时抹画门头和套脑，这跟抹画人的额头是一样的，都表示祝福。如果丢失牲畜，就用皮绳把剪刀刃缠住，置于门头之上祈祷，就能使牲畜平安。生了儿子，衣包要埋在门槛下面，怕福气外流。禁止践踏门槛一事，蒙古汗国时期曾经有法律条文规定。后来到了清朝末年，这种法令虽然成了形式，但不踩门槛一事，却因为每个人自觉遵守而流传下来。只有有意挑衅、侮辱对方的人，才故意把坐骑拴在蒙古包上，踩着人家的门槛进家。锡林郭勒盟有些地方，出入严禁甩门，客人不能量门板长短。大人打骂了孩子，不允许孩子靠在门上哭。这是因为从哈纳下面往外抬死人的时候，家人们就是"倚门而泣"的。

尊重主人的客人，别说踩人家的门槛，连毡门也不能从正中而入，而要轻轻地撩起祥云毡帘（毡门），从毡门的东面进去。把右手向上摊开，用手指头肚儿触一下门头，才能进去。这样做的用意，是祝福这家太平安康、洪福齐天。

平时为了尊重门户，不但脚不踩门槛，手不抓门头，连巘毡也不能随便触动。在苏尼特嘎林达尔台吉的传说中，就有"不可触动巘毡、灶台和有顶子的帽子"的说法。人的帽子与蒙古包的帽子——巘毡地位相当，所以不许触动。蒙古人常用巘毡代表门户。早晨拉巘毡的时候，用右手抓住巘毡的带子，在胸前顺时针转一圈，走到西面拉开。晚上盖巘毡的时候，用右手在胸前顺时针转一圈，拉回到东面。巘毡晚上盖住，白天揭开。如果刮风下雪，不论何时都要盖上巘毡。平素晴天丽日，忌讳盖上巘毡。只有那家的人死了以后，才把巘毡盖上。或者把巘毡的三角向天窗垂下来，把带子拉到前面拴住。外人一看这般情景，就知道里面发生了什么事，自然不进去了。巘毡的毛绳（带子）可以取下来，但是不能拿回家里。万一不小心拿回家里，要在奶子里蘸一蘸再拿出去。

　　早上最早起来的是主妇，要揭毛毡。谁家的毛毡撩起，说明谁家的女人已经起来。"揭毛毡的人没有啦"，就是死人绝后的意思。好天即使家中无人，也要把毛毡揭起，晚上睡觉要盖上。炎热的夏天，要把毛毡的尖子揪上来，做盖的样子。毛毡开启正好露出半个套脑，以便阳光射入。

2　香火的禁忌

香火的落脚点就是灶火，也就是火撑子。蒙古人最尊重灶火，把它看得比什么都珍贵。蒙古人把放在老坛子里慢慢斟给众人的酒叫作"颂"，把放在牛粪箱子里的牛粪也叫"颂"。颂是火的"酒坛"，一定要加满，既然是火的酒坛，就不能坐在上面，也不能从这种箱子上跨越，更不能垂腿坐在上面。牛粪是用来生火的，无论从火崇拜来考虑，还是从尊重祖宗的香火考虑，进出时都要把袍子撩起来，不要让袍边扫着牛粪箱子。火剪之类的东西落到脚下，也要拿开，不能从上面跨越。火剪不朝天放，不朝北放。火钳也不能朝尊贵的方向放置。支火撑、坐锅的时候，一定要注意不要倾斜。万一倾斜的话，也要向西北倾斜，不要向东南倾斜。据说西北主吉，东南主凶，所以俗话有"富裕人家的锅偏向西北，讨吃人家的锅偏向东南"的说法。还忌讳向火撑子洒水、吐痰、扔脏物，不能在火撑子及其木框上磕烟袋。更忌讳向火撑子伸腿，不得把腿伸到火撑子上烤火。不能把刀子等刃具朝着火撑子放置。要把剪子、切刀装在毡口袋里，夹在蒙古包的衬毡缝里。忌讳用刀刃捅火、用刀刃翻火、用刀子从锅里扎肉、用刀子在锅里翻肉。袍襟不能扫住碓子、斧子的边缘。

尊重灶火的原因，可以从几方面解释。香火——"高勒木德"一词的古意，指祖先流传下来的家庭用火，即火撑之火。"高勒木德"一词，可以看成"高勒""毛都"二词的合成，指主要的木头：柱子、巴根等，与今天蒙语的称呼完全一样。我们的祖先不仅很早就会用火，而且差不多同时就开始祭火。在很早以前住窝棚的时候，在窝棚正北面栽一根木头，这根木头从窝棚的三根支架绑着的地方穿出来，并把梢头伸出支架之上，根部插在灶火正北的地方。在梢头的最上面，刻着一个鸟形的东西。学者认为这根木头就是火的标志、火的灵魂、祭火的原型，这就是高勒、毛都。这种栽木头的遗风，到现在还能在北美的印第安人那里找到。我们的祖先认为这根木头不仅是火的象征，而且是祖先灵魂的所在。当时的人认为，人死了以后，灵魂还留在原地，就在灶火的北面竖起了标志，认为它是灵魂所附，把它供奉起来，向它求子求畜求福。印第安人被认为是蒙古人的远祖，所以这一传统一直保留下来。

后来，蒙古人从窝棚移到哈纳房子里居住。作为祖先和火的灵魂标志的木头，也离开了原来的支架，只是临时顶一下套脑，后来干脆成为一种风俗的标志。这根木头，后来的牧民把它称为巴根，直到现在很多地方还在使用。根据古代的传统，尊敬那一家的香火，实际上就是尊敬那一家的主人。苏尼特传说，有一天，苏尼特的嘎林达尔以找牲畜为名，来到喀尔喀达里干嘎（现在蒙古国苏赫巴托尔省）的查干安本（管旗老爷）家。用烟锅敲打火撑腿子，发出叭叭的声音。他还把火剪拿过来，从火撑里夹出一块火，来烤自己的脚。所有这一切，都是安本家最忌讳的。下人看了，愤愤不平："这人怎么这样欺负我家安本？"但是安本从家里出来，嘱咐下人道："他不是普通人，他就是苏尼特的嘎林达尔台吉,来我们家找碴儿寻事来了,你们不要作声,让他吃喝完打发走就是了。"若干年后,查干安本的儿子长大成人,便去找嘎林达尔台吉算账,报侮辱门庭之仇,这就是侵犯香火就是侵犯主人的一个例子。

于海军 摄

3 坠绳等的禁忌

坠绳,就是拴在套脑正中的拉绳。坠绳夹在包东主梁以北第四根哈纳头上搭的乌尼里,坠绳先从套脑和乌尼之间垂下弓形的一截儿,再将其端从乌尼旮旯儿里穿进去,在乌尼上打个活扣掏出来。如果刮起大风,就可以把它抽出来,固定在地上拴牢。春秋季节刮起大风或羊角风的时候,用力把坠绳拉住,或者把它固定在外面北墙根的桩子上,可以防止蒙古包被风刮走。在披坠绳的时候,垂下来的部分长短要适当,一般以站起来不碰头、伸手能够到为好。蒙古人认为坠绳是保障蒙古包安宁、保存五畜福分的吉祥之物,没有坠绳的毡包不存在,没有坠绳就不能算毡包。出卖大畜的时候,要从鬃、尾、膝上拔一小撮毛拴在坠绳上,这就是要把牲畜的底福留在家里,不要让它随买主跑掉。出卖小畜的时候,女主人要用袍子里襟擦它们的嘴,就是把牲畜的底福留在里面的意思。男方到女方家娶亲的时候,要把一庹长的缎哈达作为五畜的礼物,搭在对方的坠绳上。外来的人不能用手去摸。

巴根是一家的支柱,从前牧民对它非常尊重,不准抱、抓、拿、倚靠,不许伸出双臂丈量巴根,也不能在上面拴绳子挂东西,更不能随便乱扔，让人践踏。巴根平时搭在西南的哈纳头上，偶尔需要拿出去的话，要说着"大人物来了，挤得连腰也弯不倒了"把巴根拿出去。乌珠穆沁民歌中，有"毡包的依靠是巴根和柱子，孩子的依靠是阿爸和额吉"的说法。婚礼上有一个挡门的礼节，道具就是巴根。新娘的喜车到达的时候，拿着它堵在门上，进行一些有趣的礼俗。夫妻二人同骑一匹马的时候，中间要横放一根巴根。

乌尼上面不能拴牲畜，不能放在地上让人践踏。忌讳手抓乌尼杆，因为女人生孩子的时候，要抓着乌尼杆做道木（法术）。

围绳上不能拴牲畜，不能夹上乱七八糟的东西让它在风中来回摆动。

碗盏中间最尊贵的是德布希（一种长圆形的木盘，大小规格有许多种），放在主梁东端靠前、碗架上面或挂在哈纳头上。除了主人，别人不能动它。新成家的年轻夫妇，在新包里吃第一顿饭的时候，就是用它盛了肉给端上来的：新郎吃的是胸椎，新娘吃的是胸茬。祭灶的时候，也要把煮好的羔羊肉放在德布希内，上面放上饼子，再放一瓶酒。喜庆宴会上摆羊背的时候，一向是放在德布希里的。剩在德布希里的肉，不给外人吃。多的话家人分食，少的话或洒在火上，或扔在羊圈上头。

一切口朝上的器皿一定要口朝上放置，不能扣着，怕断子绝孙。但是锅、粪筐、笤头三样东西，在外面可以扣着放置。锅放在包东北远一点的地方。粪筐、笤头放在包东南墙下，有牛粪时口朝上，空着时底朝天扣着。因为空筐子容易被风刮走，口朝上不吉利，所以一定要扣着。

4 转场的禁忌

转场或因某件事情需要外出的时候,有的地方(特别是乌珠穆沁)特别强调看日子,有的人家连牲畜出群归牧都忌讳往黑狗口里走,否则就会闹狼灾,牲畜锐减;出门旅行一路不顺,不是车坏在路上,就是骑乘丢失……一切不幸的事情都会降临。

黑狗的口,也简称口,按阴历说法,初一正东、初二东南……这样以太阳运转的方向推算。又规定每月的初九、初十、十九、二十、二十九、三十,是没有口的日子。

口也按季节计算,春秋北、南,夏冬东、西,这叫大口。转场或下盘时,如果遇到口的方向,就要向其他方向走100步,再绕回去。

另外要注意的就是焦斯格,藏语叫卒斯格。阴历每月初二、初八、十四、二十、二十六共五天,称为"每月五天焦斯格"。多数人家在这五天不办宴会,不结婚、迁盘、看病、外出、宰杀牲畜、往外拿东西等。不过,夏初月初二这天,是热西尼玛和巴勒吉尼玛碰在一起的日子,好上加好,牧民在这天给仔畜打耳记、去势。这天如果挡绳沾血(打着猎物),预示着这个月的猎物就会更多。

在新地方下盘的时候，蒙古包顶子不能与敖包、山尖对在一起，低处下盘的蒙古包顶不能与另一家的蒙古包顶对在一起。

在新地方下盘的人家，如果人畜生病，狐狼行凶，醉鬼和疯子经常干扰，觉得有点不对劲了，主人就会爬到车上，望望别人的毡包或敖包是不是与自己的住宅对在一条线上。如是，则赶快迁盘；或者到那家牧民家报告；或者把帽子挂在大树上，做些法事；或者向敖包膜拜，请求宽恕。当地还有一座最高的圣山，如果把那里的石头拿上一块，做成符缝在布里，吊到套脑的主梁中间，供奉起来，那么出现上述情况就不怕了。因为这座圣山是附近最高的，有山神他老人家保护，什么样的鬼神也不怕了。

除了这些现代人认为的迷信做法以外，往车上装家里东西的时候，毡垫要从地上抽出来，折叠以后拿出来。不能两层摞在一起拿，不能在外面展开，铺在车上的时候，要折叠起来。上车的时候要弹土，去了新地方就不能打土了。

迁移的时候，最好赶在其他要搬家的人之前动身。如果跟在别人屁股后边，在别人盖起蒙古包后再盖，就会把别人家的晦气捡上。不在人畜走的路上搭包，不骑在两条车路上搭包，不到过去的包址上行车，不拿鞭子抽打毡包，不在包里打口哨。

套脑的主梁（东西向）不能南北放置，毡包每年洗涤，腊月二十三一定要大扫除，但不洗哈纳。有人出殡的人家，当年不洗蒙古包。

图书在版编目（CIP）数据

蒙古包：游牧文明的载体 / 郭雨桥著. — 郑州：中州古籍出版社，2019.3
（华夏文库民俗书系）
ISBN 978-7-5348-8327-9

Ⅰ. ①蒙… Ⅱ. ①郭… Ⅲ. ①蒙古族 – 民居 – 介绍 – 中国 Ⅳ. ①TU241.5

中国版本图书馆CIP数据核字（2019）第016474号

华夏文库·民俗书系
蒙古包：游牧文明的载体

总 策 划　耿相新　郭孟良
项目协调　单占生
项目执行　萧　红
责任编辑　李晓丽
责任校对　牛冰岩
封面设计　新海岸设计中心
版式设计　曾晶晶
美术编辑　王　歌

出　　版　中州古籍出版社
　　　　　地址：河南省郑州市郑东新区金水东路39号
　　　　　邮编：450016
　　　　　电话：0371-65788693
经　　销　新华书店
印　　刷　河南新华印刷集团有限公司
版　　次　2019年3月第1版
印　　次　2019年3月第1次印刷
开　　本　960毫米×640毫米　1/16
印　　张　12印张
字　　数　140千字
印　　数　1—2000册
定　　价　39.00元

本书如有印装质量问题，由承印厂负责调换。